Heidelberger Taschenbücher Band 131

W. Bähr · H. Theobald

Organische Stereochemie

Begriffe und Definitionen

Springer-Verlag
Berlin · Heidelberg · New York 1973

Dr. Wolfgang Bähr
Max-Planck-Institut für Biophysikalische Chemie
Abteilung Molekulare Biologie, Göttingen

Dr. Hans Theobald
BASF
Ludwigshafen/Rhein, Hauptlabor

ISBN-13:978-3-540-06339-1   e-ISBN-13:978-3-642-80769-5
DOI: 10.1007/978-3-642-80769-5

Das Werk ist urheberrechtlich geschützt. Die dadurch begründeten Rechte, insbesondere die der Übersetzung, des Nachdruckes, der Entnahme von Abbildungen, der Funksendung, der Wiedergabe auf photomechanischem oder ähnlichem Wege und der Speicherung in Datenverarbeitungsanlagen bleiben, auch bei nur auszugsweiser Verwertung, vorbehalten. Bei Vervielfältigungen für gewerbliche Zwecke ist gemäß § 54 UrhG eine Vergütung an den Verlag zu zahlen, deren Höhe mit dem Verlag zu vereinbaren ist. © by Springer-Verlag Berlin Heidelberg 1973.
Softcover reprint of the hardcover 1st edition 1973
Library of Congress Catalog Card Number 73-81291.

Die Wiedergabe von Gebrauchsnamen, Handelsnamen, Warenbezeichnungen usw. in diesem Werk berechtigt auch ohne besondere Kennzeichnung nicht zu der Annahme, daß solche Namen im Sinne der Warenzeichen- und Markenschutz-Gesetzgebung als frei zu betrachten wären und daher von jedermann benutzt werden dürften.

Vorwort

Die organische Stereochemie entwickelte sich in den letzten Jahren sehr rasch. Neue Begriffe (Prochiralität, Propseudoasymmetrie, Cyclostereoisomerie, Helizität, Stereoheterotopie u. a.) wurden geprägt, neue Nomenklatursysteme (R/S-System, Re/Si-System, E/Z-System) eingeführt und bestehende Begriffe modifiziert oder neu definiert (Sequenzregel, Diastereomerie, Pseudoasymmetrie u. a.). Dieses Material zu sammeln und in möglichst straffer Form wiederzugeben, ist das Ziel dieses Buches. Die alphabetische Anordnung der Stichworte (insgesamt 89) soll ein rasches, lexikonähnliches Nachschlagen möglich machen. Jedes Stichwort wird nach einem kurzen historischen Überblick definiert und gegebenenfalls anhand eines einfachen Beispiels erläutert. Wenn zum Verständnis erforderlich, wurde auch auf die zugrunde liegende Theorie eingegangen. Im Text hervorgehobene Begriffe können in einem gesonderten Artikel nachgeschlagen werden. Die Literaturzitate beschränken sich auf die wichtigsten historischen Angaben und die jeweils neuesten Übersichtsartikel.
Die Definitionen beruhen, soweit noch möglich, auf den Standardwerken der Stereochemie von *K. Freudenberg* (1933), *E. L. Eliel* (1962, deutsche Ausgabe 1966) und *K. Mislow* (1967). Es erschien zweckmäßig, Hinweise auf deren Werke wie folgt abzukürzen:

Freudenberg   K. Freudenberg: Stereochemie. Wien und Leipzig: Verlag F. Deuticke 1933.

Eliel   E. L. Eliel: Stereochemie der Kohlenstoffverbindungen. Weinheim: Verlag Chemie 1966.

Mislow   K. Mislow: Einführung in die Stereochemie. Weinheim: Verlag Chemie 1967.

Besonderes Gewicht wurde auf die Begriffe der statischen Stereochemie gelegt.
Die Sammlung erhebt keinen Anspruch auf Vollständigkeit, einige Einschränkungen waren unvermeidlich. Anregungen

für Verbesserungen, Erweiterungen und Nachträge sind sehr willkommen. Das Buch ist nicht nur für Studenten der Chemie, für praktische und theoretische Chemiker bestimmt, denen es eine Hilfe beim Lesen der neueren Literatur oder bei der täglichen Arbeit sein soll. Es wendet sich an alle, die mit der Stereochemie in Berührung kommen, so an Physiker, Biologen und Mediziner.

November 1973

W. Bähr
H. Theobald

Inhalt

1 *Absolute asymmetrische Synthese*
   Absolute Drehung, vgl. Optische Reinheit 71
   Absolute Konfiguration, vgl. Konfiguration 51
   Achiral, vgl. Chiralität 15

2 *Äquatorial, axial*
   Äquivalent, vgl. Homotopie 46

3 *Allenisomerie*
   Alpha, vgl. Stereochemische Präfixe 103
   Alternierende Achse, vgl. Symmetrieelemente 111

4 *Amid- und Hydrazid-Regel*
   Amplitude, vgl. Cotton-Effekt 20
   Anionotropie, vgl. Tautomerie 113

5 *Anomerie*
   Anti, anticlinal, vgl. Konformationsnomenklatur 54
   Antilog, antimer, vgl. Enantiomerie 31
   Antiperiplanar, vgl. Konformationsnomenklatur 54

6 *Asymmetrie*
   Asymmetrie-Transfer-Prozesse, vgl. Asymmetrische Synthese 8

7 *Asymmetrischer Abbau*
   Asymmetrisches C-Atom, vgl. Asymmetrie, Chiralitätselemente 6, 17

8 *Asymmetrische Synthese*

10 *Asymmetrische Umlagerung 1. und 2. Art*
   Asymmetrische Zerstörung, vgl. Asymmetrischer Abbau 7
   Ataktisch, vgl. Stereoregulierte Polymerisation 108
   Atom-Atom, Atom-Lücke, vgl. Konformationsnomenklatur 54
   Atrolactinsäuresynthese, vgl. Prelogsche Regel 77

11 *Atropisomerie*

Aufgliederungsregel, vgl. Sequenzregel 100
Auwers-Skitasche Regel, vgl. Konformationsregel 56
Axial, vgl. Äquatorial 2
Axiale Chiralität, vgl. Chiralitätselemente, RS-System 17, 96

12 *Baeyersche Spannungstheorie*

Barton-Modelle, vgl. Molekelmodelle 62
Biotisches Gesetz, vgl. Spezifischer Drehwinkel 102
Biphenylisomerie, vgl. Atropisomerie 11
Birotation, vgl. Mutarotation 65

14 *Bredtsche Regel*

Briefumschlagkonformation, vgl. Pitzer-Spannung 75
Brückenkopfatom, vgl. Bredtsche Regel 14

Cenco-Petersen-Modelle, vgl. Molekelmodelle 62
Cahn-Ingold-Prelog-System, vgl. RS-System 96
Catalin-Modelle, vgl. Molekelmodelle 62

15 *Chiralität*

Chiralitätsachse, -ebene, -zentrum, vgl. Chiralitätselemente 17

17 *Chiralitätselemente*

Chiralitätsregel, vgl. RS-System 96
Chromophor, vgl. Optisch aktive Chromophore 69
Cisoid-transoid, vgl. Cis-trans-Isomerie 18

18 *Cis-trans-Isomerie*

C_n, C_s, C_i, C_{nv}, C_{nh}, vgl. Punktgruppen 88

20 *Cotton-Effekt*

Courtault-Modelle, vgl. Molekelmodelle 62
CPK (Corey-Pauling-Koltun)-Modelle, vgl. Molekelmodelle 62

22 *Cramsche Regel*

Cycloenantiomerie, Cyclodiastereomerie, vgl. Cyclostereoisomerie 24

24 *Cyclostereoisomerie*

Desmotropie, vgl. Tautomerie 113
D_G, D_S, vgl. D,L-System 28

25 *Diastereo(iso)merie*

26 *Diastereoselektive Synthese*

27 *Diastereotopie*

Dissymmetrie, vgl. Chiralität 15
Disyndiotaktisch, vgl. Stereoregulierte Polymerisation 108
D-Konfiguration, vgl. D,L-System 28
dl-Paar, vgl. Racemformen 93

28 D,L-*System*

D_n, D_{nh}, D_{nd}, vgl. Punktgruppen 88

30 *Doppelhelix*

Drehinversionsachse, Drehspiegelachse, vgl. Symmetrieelemente 111
Dreidingmodelle, vgl. Molekelmodelle 62
Dreikohlenstofftautomerie, vgl. Tautomerie 113
Drudesche Gleichung, vgl. Optische Rotationsdispersion 72
Duplikatdarstellung, vgl. RS-System 96

Ekliptisch, vgl. Konformationsnomenklatur 54
Eliminative asymmetrische Synthese, vgl. Asymmetrische Synthese 8
Elliptisch polarisiertes Licht, vgl. Polarisiertes Licht 76
Enantiomere Reinheit, vgl. Optische Reinheit 71

31 *Enantiomerie*

Enantiomorph, vgl. Enantiomerie 31

32 *Enantioselektive Synthese*

33 *Enantiotopie*

Endo-exo, vgl. Stereochemische Präfixe 103

34 *Entfernungssatz der optischen Drehung*

Entfernungssatz der optischen Superposition, vgl. Optische Superposition 73
Envelope-Konformation, vgl. Pitzer-Spannung 75

35 *Epimerie*

36 *Erythro-threo*

Externe asymmetrische Synthese, vgl. Asymmetrische Synthese 8

37 *E/Z-System*

38 *Fischer-Projektion*

39 *Fluktuierende Struktur*

Fresnelsche Gleichung, vgl. Zirkulare Doppelbrechung 121

Gauche, vgl. Konformationsnomenklatur 54

41 *Geometrische Enantiomerie*

Geometrische Isomerie, vgl. Cis-trans-Isometrie 18
Gerichtete Ringe, vgl. Cyclostereoisomerie 24
Gestaffelt, vgl. Konformationsnomenklatur 54
Godfrey-Modelle, vgl. Molekelmodelle 62

Halbsessel-Konformation, vgl. Pitzer-Spannung 75

42 *α-Helix*

43 *Helizität*

Helizitätsregel, vgl. Helizität 43

44 *Heterotopie*

46 *Homotopie*

Homotopomerisierung, vgl. Valenzisomerie 118
Hudsonsche Regel der Isorotation, vgl. Isorotation 49

i, vgl. Symmetrieelemente 111
Immolative asymmetrische Synthese, vgl. Asymmetrische Synthese 8

47 *In-out-Isomerie*

Interne asymmetrische Synthese, vgl. Asymmetrische Synthese 8
Inversionszentrum, vgl. Symmetrieelemente 111

48 *Isomerie*

49 *Isorotation*

Isotaktisch, vgl. Stereoregulierte Polymerisation 108

Kalottenmodelle, vgl. Molekelmodelle 62
Keilstrichprojektion, vgl. Stereoformeln 105
Keto-Enol-Tautomerie, vgl. Tautomerie 113
Kettenisomerie, vgl. Isomerie, Konstitutionsisomere 48, 57

51 *Konfiguration, Konfigurationsisomere*

Konfigurationsbezeichnungen, -symbole, vgl. D,L-System, RS-System 28, 96

52 *Konformation, Konformationsisomere*
53 *Konformationsanalyse*
54 *Konformationsnomenklatur*
56 *Konformationsregel*

Konglomerat, vgl. Racemformen 93
Konservative asymmetrische Synthese, vgl. Asymmetrische Synthese 8
Konstellation, vgl. Konformation 52

57 *Konstitution, Konstitutionsisomere*

Konstitutop, vgl. Heterotopie 44
Kugel-Stab-Modelle, vgl. Molekelmodelle 62

58 *Lacton-Regel*

Leitatom, vgl. RS-System 96
Leybold-Modelle, vgl. Molekelmodelle 62
L-Konfiguration, vgl. D,L-System 28
Linear polarisiertes Licht, vgl. Polarisiertes Licht 76
L_G, L_S, vgl. D,L-System 28

M, vgl. Helizität 43
Meso, vgl. Stereochemische Präfixe, Pseudoasymmetrie 103, 85

59 *Mesomerie*

Metamerie, vgl. Konstitutionsisomerie 57

61 *Methode der Molrotationsunterschiede*

Molares Drehvermögen, vgl. Spezifischer Drehwinkel 102

62 *Molekelmodelle*

Molekulare Amplitude, vgl. Cotton-Effekt 20

65 *Mutarotation*

XI

66 *Newman-Projektion*

Nichtklassische Spannung, vgl. Baeyersche Spannungstheorie 12
n-zählige Symmetrieachse, vgl. Symmetrieelemente 111

67 *Oktantenregel*

O_h, vgl. Punktgruppen 88
Oppositionsspannung, vgl. Pitzer-Spannung 75

69 *Optisch aktive Chromophore*

70 *Optische Aktivität*

71 *Optische Reinheit*

Optische Isomerie, vgl. Enantiomerie 31
Optische Ausbeute, vgl. Optische Reinheit 71

72 *Optische Rotationsdispersion (ORD)*

73 *Optische Superposition*

74 *Optischer Verschiebungssatz*

ORD, vgl. Optische Rotationsdispersion 72
Out-out-Isomere, vgl. In-out-Isomerie 47
Oxo-cyclo-Tautomerie, vgl. Tautomerie 113

P, vgl. Helizität 43
Phantomatom, vgl. RS-System 96
Pilotatom, vgl. RS-System 96

75 *Pitzer-Spannung*

Planare Chiralität, vgl. Chiralitätselemente, RS-System 17, 96
Planar-syn, vgl. Konformationsnomenklatur 54

76 *Polarisiertes Licht*

77 *Prelogsche Regel*

Preßspannung, vgl. Transanularspannung 117
Primärstruktur, vgl. Proteinstrukturen 82

79 *Prochiralität*

Projektionsformeln, vgl. Stereoformeln 105

81 *Propseudoasymmetrie*

Pro-R, pro-S, vgl. Re/Si-System 94

82 *Proteinstrukturen*

Protonenisomerie, vgl. Tautomerie 113
Prototropie, vgl. Tautomerie 113
Pseudoäquatorial, pseudoaxial, vgl. Äquatorial 2

85 *Pseudoasymmetrie*

Pseudoasymmetrieelemente, vgl. Pseudoasymmetrie 85
Pseudoracemat, vgl. Racemformen 93
Pseudoasymmetrisches C-Atom, vgl. Pseudoasymmetrie 85
Pseudorotation, vgl. Pitzer-Spannung 75

88 *Punktgruppen*

Quasiäquatorial, quasiaxial, vgl. Äquatorial 2
Quasienantiomere, vgl. Quasiracemat 92

92 *Quasiracemat, Quasiracemat-Methode*

Quartärstruktur, vgl. Proteinstrukturen 82

r, R, R*, vgl. RS-System 96
Racemat, vgl. Racemformen 93

93 *Racemformen*

Regel des doppelten Austausches, vgl. Fischer-Projektion 38

94 *Re/Si-System*

re, si, vgl. Pseudoasymmetrie, Propseudoasymmetrie 85, 81
r-Gruppe, vgl. Cis-trans-Isomerie 18
Ring-Ketten-Tautomerie, vgl. Tautomerie 113
Rotamere, Rotatonsisomere, vgl. Konformation 52
Rotatorstärke, vgl. Optisch aktive Chromophore 69
R_{Re}, R_{Si}, vgl. Pseudoasymmetrie 85
Resonanz, vgl. Mesomerie 59

96 *RS-System*

s, S, S*, vgl. RS-System 96

99 *Sachse-Mohrsche Theorie*

Sägebockprojektion, vgl. Stereoformeln 105
Schief-anti, schief-syn, vgl. Konformationsnomenklatur 54
Schönflies-Symbole, vgl. Punktgruppen 88

XIII

s-cis, s-trans, vgl. Cis-trans-Isomerie 18
Sekundärstruktur, vgl. Proteinstrukturen 82
Seqcis, seqtrans, vgl. E/Z-System 37

100 *Sequenzregel*

Sesselinversion, vgl. Äquatorial 2
Sigma, vgl. Symmetrieelemente, Punktgruppen 111, 88
Skelett-Modelle, vgl. Molekelmodelle 62
Skew, vgl. Konformationsnomenklatur 54
S_n, vgl. Symmetrieelemente, Punktgruppen 111, 88
Spezifische Elliptizität, vgl. Zirkulardichroismus 120

102 *Spezifischer Drehwinkel*

S_{Re}, S_{Si}, vgl. Pseudoasymmetrie 85
Staggered, vgl. Konformationsnomenklatur 54
Standardunterregel, vgl. Sequenzregel 100
Stellungsisomerie, vgl. Konstitutionsisomere 57
Stereoblockpolymere, vgl. Stereoregulierte Polymerisation 108

103 *Stereochemische Präfixe*

104 *Stereochemische Symbole*

105 *Stereoformeln*

Stereoheterotop, vgl. Heterotopie 44

107 *Stereoisomerie*

108 *Stereoregulierte Polymerisation*

109 *Stereoselektivität*

110 *Stereospezifität*

Stollsche Pressung, vgl. Transanularspannung 117
Struktur, vgl. Konstitution 57
Stuart-Briegleb-Modelle, vgl. Molekelmodelle 62
Superpositionsregel, vgl. Optische Superposition 73
Symmetrieachse, -ebene, -zentrum, vgl. Symmetrieelemente 111

111 *Symmetrieelemente*

Syn, synclinal, synperiplanar, vgl. Konformationsnomenklatur 54
Syndiotaktisch, vgl. Stereoregulierte Polymerisation 108

113 *Tautomerie*

T_d, vgl. Punktgruppen 88
Tertiärstuktur, vgl. Proteinstrukturen 82

115 *Tetraedertheorie*

Thermische Analyse, vgl. Quasiracemat 92
Threo, vgl. Erythro 36
Tope-Liganden, vgl. Heterotopie 44

116 *Topologische Isomerie*

Torsionsspannung, vgl. Pitzer-Spannung 75
Torsionsstereoisomerie, vgl. Stereoisomerie 107
Totale asymmetrische Synthese, vgl. Asymmetrische Synthese 8
trans, vgl. Cis-trans-Isomerie 18

117 *Transanularspannung*

Transoid, vgl. Cis-trans-Isomerie 18

Uneigentliche Achse, vgl. Symmetrieelemente 111

van't Hoffsche Regel, vgl. Optische Superposition 73

118 *Valenzisomerie*

Valenztautomerie, vgl. Valenzisomerie 118
Valenztopomerisierung, vgl. Fluktuierende Struktur 39
Verdeckt, vgl. Konformationsnomenklatur 54
Verteilungsmuster, vgl. Cyclostereoisomerie 24
Verschiebungsregel, vgl. Optischer Verschiebungssatz 74
Vicinalwirkung, vgl. Optische Superposition 73

Watson-Crick-Modell, vgl. Doppelhelix 30
Windschief, vgl. Konformationsnomenklatur 54
Winkelspannung, vgl. Baeyersche Spannungstheorie 12

Zentrale Chiralität, vgl. Chiralitätselemente, RS-System 17, 96

120 *Zirkulardichroismus (CD)*

121 *Zirkulare Doppelbrechung*

Z, vgl. E/Z-System 37

XV

Absolute asymmetrische Synthese

Erste Versuche von Karagunis und Drikos, 1933, sowie Davis und Heggie, 1935. Erste „absolute" Synthese eines Naturstoffs (Weinsäure) von Davis und Ackermann, 1945.

Als „absolute" (gelegentlich auch „totale") *asymmetrische Synthese* bezeichnet man die Herstellung optisch aktiver Substanzen aus inaktivem Ausgangsmaterial unter chiralen physikalischen Einflüssen, also ohne jedes optisch aktive Hilfsreagenz. Die chirale Beeinflussung kann etwa durch zirkular *polarisiertes Licht* erfolgen. Bedingung bei derartigen Reaktionen ist, daß die chiralen Strahlen direkt in die chemische Reaktion eingreifen (Absorptionsmaxima der Reaktanten im Wellenlängenbereich der verwendeten Strahlen) und nicht nur ein Reagenz aktivieren. Die *optischen Ausbeuten* bei diesen Synthesen sind im allgemeinen gering ($<2\%$).

Eine absolute asymmetrische Synthese unter dem chiralen Einfluß der enantiomorphen Kristallstruktur eines der Reaktionspartner führten 1969 *Penzien* und *Schmidt* durch. Sie setzten enantiomorphe Einkristalle von 4.4'-Dimethylchalkon mit flüssigem oder gasförmigem Brom um und isolierten aktives Dibromid in einer *optischen Ausbeute* von ca. 6%.

$$CH_3\text{-}\bigcirc\text{-}\underset{H}{\overset{|}{C}}=\underset{H}{\overset{|}{C}}\text{-}\underset{O}{\overset{||}{C}}\text{-}\bigcirc\text{-}CH_3$$

Br$_2$-Gas ↙ Br$_2$, flüssig ↘

$$CH_3\text{-}\bigcirc\text{-}CHBr\text{-}CHBr\text{-}\underset{O}{\overset{||}{C}}\text{-}\bigcirc\text{-}CH_3 \qquad CH_3\text{-}\bigcirc\text{-}CHBr\text{-}CHBr\text{-}\underset{O}{\overset{||}{C}}\text{-}\bigcirc\text{-}CH_3$$

G. Karagunis, G. Drikos: Naturwissenschaften *21*, 607 (1933); Nature *132*, 354 (1933).
T. L. Davis, R. Heggie: J. Amer. chem. Soc. *57*, 377 (1935).
T. L. Davis, J. Ackerman: J. Amer. chem. Soc. *67*, 486 (1945).
K. Penzien, G. M. J. Schmidt: Angew. Chem. *81*, 628 (1969).
A. Elgavi, B. S. Green, G. M. J. Schmidt: J. Amer. chem. Soc. *95*, 2058 (1973).

Übersichtslit.:
Je. I. Klabunowski: Asymmetrische Synthese, S. 139ff. Berlin: VEB Deutscher Verlag der Wissenschaften 1963.
Eliel, S. 93ff.
H. Pracejus: Fortschr. chem. Forsch. *8*, 493 (1967).

(Pseudo-, quasi-)äquatorial, axial

In der Sesselform des Cyclohexans gibt es zwei geometrisch verschiedene Arten von C—H-Bindungen. Sechs der zwölf sind parallel zur dreizähligen Symmetrieachse (vgl. *Symmetrieelemente*) angeordnet, sie werden axiale Bindungen genannt. Die anderen sechs befinden sich ungefähr in der „Ebene" des Rings. Sie werden als „äquatorial" bezeichnet. Bei einer Sesselinversion werden die axialen Bindungen zu äquatorialen und die äquatorialen zu axialen Bindungen. Verbunden mit Formeln oder Konformationen wird äquatorial mit „e" und axial mit „a" abgekürzt.

Streng genommen gilt diese Nomenklatur nur für Sechsringe, die aus tetraedrischen Atomen aufgebaut sind. Aus Gründen der Einfachheit wird sie auch auf Siebenringe ausgedehnt. Die den äquatorialen und axialen vergleichbaren Lagen werden dann als pseudo- oder quasiäquatorial bzw. -axial bezeichnet.

Auch in Cyclohexen-Systemen werden Bindungen, die sich an den der Doppelbindung benachbarten C-Atomen befinden, mit pseudoäquatorial und pseudoaxial bezeichnet (abgekürzt „a'" und „e'"):

IUPAC Tentative rules for the nomenclature of organic chemistry, Section E, Fundamental stereochemistry. J. Org. Chem. *35*, 2849 (1970).
D. H. R. Barton, Nobelvortrag: Angew. Chem. *82*, 827 (1970).
W. Tochtermann: Fortschr. chem. Forsch. *15*, 378 (1970).

Allenisomerie

Vorausgesagt durch van't Hoff, 1874. Experimentelle Bestätigung durch Maitland und Mills, 1935 (gerade Anzahl Doppelbindungen) und Kuhn und Scholler, 1954 (ungerade Anzahl).

Verschieden substituierte Allene mit gerader Anzahl Doppelbindungen (Typ abC=C=Cab) sind chiral und damit in Enantiomere spaltbar, solche mit ungerader Anzahl Doppelbindungen (Typ abC=C=C=Cab) sind achiral und zeigen *cis-trans-Isomerie*.

Die *Chiralität* der Allene des ersten Typs beruht darauf, daß a und b paarweise in senkrecht zueinander angeordneten Ebenen liegen. Dadurch erhält das Molekül eine *Chiralitätsachse*, die durch die C=C=C-Achse repräsentiert wird. Notwendig und hinreichend für diese *Chiralität* ist a≠b.

Die von *van't Hoff* (vgl. *Tetraedertheorie*) durch Betrachtungen am tetraedrischen Kohlenstoffmodell entwickelten Vorstellungen über Allenisomerie folgen heute zwanglos aus der Molekülorbitaltheorie:

Die Voraussage *van't Hoffs* wurde 60 Jahre später experimentell durch *Maitland* und *Mills* bestätigt; *Kuhn* und *Scholler* synthetisierten 80 Jahre später ein Kumulen mit ungerader Anzahl Doppelbindungen:

(+)- und (−)-1,3-Diphenyl-1,3-dinaphthyl-allen

Maitland/Mills, 1935

cis- und trans-Bis(-2-nitrobiphenylen)-butatrien

Kuhn/Scholler, 1954

Sukzessiver Ersatz der kumulierten Doppelbindungen durch aliphatische Ringe führt zu Alkylidencycloalkyl-Derivaten und Spiranen, deren Isomerien ebenfalls auf dem Allenprinzip beruhen.

Zur Konfigurationsnomenklatur der Allene und Spirane vgl. *RS-System*.

Alkylidencyclohexane   Spirane

J. H. *van't Hoff*: La chimie dans l'espace. Rotterdam: P. M. Bazendijk 1875. Deutsch von *F. Herrmann*, 2. Aufl., S. 75ff. Braunschweig: Vieweg 1894.
P. *Maitland, W. H. Mills:* Nature *135*, 994 (1935); J. Chem. Soc. *1936*, 987.
R. *Kuhn, K. L. Scholler:* Chem. Ber. *87*, 598 (1954).
W. H. *Mills, C. R. Nodder:* J. Chem. Soc. (London) *117*, 1407 (1920).
W. H. *Perkin, W. F. Pope, O. Wallach:* Liebigs Ann. Chem. *371*, 180 (1909).
Eliel, S. 371 f.
Mislow, S. 20 f.

Amid- und Hydrazid-Regel

Aufgestellt von Levene (1915), Hudson (1917); korrigiert von Freudenberg (1923).

Die Amid- und Hydrazid-Regel ist ein Spezialfall des Freudenbergschen Verschiebungssatzes. In ihrer ursprünglichen Fassung besagt sie, daß Säureamide und -hydrazide von α-Hydroxycarbonsäuren (I) die Ebene des linear *polarisierten Lichts* nach rechts drehen, wenn sie D-Konfigura-

$$\text{H}-{}^2\text{C}-\text{OH} \quad \text{I}$$
(COOH above, R below)

R = CH_3: D-Milchsäure
R = Ph: D-Mandelsäure

tion besitzen, nach links, wenn sie zur L-Konfiguration gehören. Danach kann aus dem Vorzeichen des *spezifischen Drehwerts* direkt auf die Konfiguration an C-2 geschlossen werden. Nach *Freudenberg* muß die Amid- und Hydrazidregel einer Korrektur im Sinne des *Verschiebungssatzes* unterworfen werden. Nicht die Drehrichtung, sondern die relative Verschiebung des Drehwerts ist zur Konfigurationsbestimmung heranzuziehen.

So drehen die Amide der D-Milchsäure und der D-Mandelsäure dem Vorzeichen nach entgegengesetzt, aber im Vergleich zur freien Säure in gleicher Richtung (Tabelle). Daraus kann auf gleiche Konfiguration an C-2 geschlossen werden.

$[\Phi]_D$	D-Milchsäure	D-Mandelsäure
freie Säure	$-3°$	$-233°$
Amid	$+20°$	$-146°$
Diff.	$+23°$	$+107°$

P. A. Levene: J. Biol. Chem. *23*, 145 (1915).
C. S. Hudson: J. Amer. chem. Soc. *39*, 462 (1917); *40*, 813 (1918); *41*, 1141 (1919).
K. Freudenberg, F. Brauns, H. Siegel: Ber. dtsch. chem. Ges. *56*, 193 (1923).
K. Freudenberg, W. Kuhn: Ber. dtsch. chem. Ges. *64*, 703 (1931).
K. Freudenberg: Mh. Chem. *85*, 538 (1954).
Freudenberg, S. 409f.
Mislow, S. 143.

Anomerie, Anomeriezentrum

Der Begriff Anomerie, der nur in der Kohlenhydratchemie verwendet wird, beinhaltet einen Spezialfall der *Epimerie*. Er beschreibt die Konfigurationsverhältnisse am Anomeriezentrum, das z. B. in der Glucose das Kohlenstoff-Atom 1 darstellt. Durch Konfigurationswechsel am Anomeriezentrum entsteht bei der *Mutarotation* aus der α-D-Glucose über die offenkettige Aldehydform die β-Form, die im Gleichgewicht zu 62% vorliegt. α- und β-D-Glucose sind „Anomere". Das anomere Proton an C-1 der α-D-Glucose ist zur CH_2OH-Gruppe cis-ständig, das der β-D-Glucose nimmt die trans-Stellung ein.

α-D-Glucose 38% offenkettige Form β-D-Glucose 62%

Eliel, S. 48 ff.
Mislow, S. 86 ff.

Asymmetrie

Ein Molekül ist asymmetrisch, wenn es keine *Symmetrieelemente* (weder 1. noch 2. Art) aufweisen kann. Asymmetrie ist eine hinreichende, aber keine notwendige Bedingung für die Existenz von Enantiomeren und damit das Auftreten von *optischer Aktivität* (hinreichend *und* notwendig ist dagegen „Chiralität").

hat keinerlei Symmetrieelement und ist asymmetrisch

hat C_2-Achse, ist chiral, aber *nicht* asymmetrisch

beide sind optisch aktiv

6

Mit anderen Worten: Alle optisch aktiven Moleküle sind chiral. *Chiralität* ist verglichen mit Asymmetrie der weitere Begriff. Für asymmetrische Moleküle gilt die Beschränkung, daß keine Symmetrieelemente vorhanden sein dürfen. Chirale Moleküle können dagegen durchaus noch eine Symmetrieachse beliebiger Zähligkeit aufweisen.

Ein C-Atom mit vier verschiedenen Liganden besitzt keine Symmetrie und ist damit asymmetrisch. Es kann als Spezialfall eines Chiralitätszentrums aufgefaßt werden (vgl. *Chiralitätselemente*).

Eliel, S. 14ff. Dort weitere Literatur.

Asymmetrischer Abbau

Unter einem „asymmetrischen Abbau" (auch geleg. „asymmetrische Zerstörung" genannt) versteht man den kinetisch kontrollierten Abbau des Chiralitätszentrums eines Enantiomeren in einem racemischen Gemisch unter chiralen chemischen ((+)-Camphersulfonsäure) oder physikalischen Einflüssen (zirkular polarisiertes Licht). Bei vorzeitigem Abbruch der Reaktion ist eines der Enantiomeren angereichert, bzw. das andere schneller abgebaut. Die optische Ausbeute ist gering (vgl. *absolute asymmetrische Synthese*).

$$C_6H_5-\overset{H}{\underset{CH_3}{C}}-OH \quad \xrightarrow[-H_2O]{(+)\text{-Camphersulfonsäure}} \quad C_6H_5-\overset{H}{C}=CH_2$$

(±)-Methylphenylcarbinol $\qquad\qquad\qquad\qquad\qquad\qquad$ Styrol

Bei der unvollständigen Dehydratisierung von (±)-Methylphenylcarbinol wird in Gegenwart von (+)-Camphersäure aus dem (+)-Carbinol schneller Wasser abgespalten als aus der (−)-Form, so daß das Reaktionsgemisch nach einer gewissen Zeit durch das Überwiegen der (−)-Form optisch aktiv wird (Wuyts, 1921).

$$CH_3-CH(N_3)-CO-N(CH_3)_2 \quad \xrightarrow[-N_2]{\substack{280-310\,\text{nm} \\ \text{links zirk. polaris. Licht}}} \quad \text{Zersetzungsprodukte}$$

Ein Abbau unter physikalischen Einflüssen ist die Bestrahlung von rac. α-Azidopropionsäure-dimethylamid mit zirkular *polarisiertem Licht*. Das Gelingen dieser Reaktion beruht auf der kleinen Differenz der Absorptionskoeffizienten der Enantiomeren für links- und rechtszirkular *polarisiertes Licht* von 290 nm. Nach 40proz. Abbau mit linkszirkular *polarisiertem Licht* beobachtete man einen Drehwert von $-1{,}04°$, mit rechtspolarisiertem Licht von $+0{,}78°$ (*Kuhn* und *Knopf* 1930).

W. Kuhn, E. Knopf: Z. phys. Chem. *7B*, 292 (1930).
H. Wuyts: Bull. Soc. Chim. Belgique *30*, 30 (1921).

Übersichtslit.:
Eliel, S. 88, 93 ff.
Weitere Literatur vgl. „*absolute asymmetrische Synthese*".

Asymmetrische Synthese

Erste asymmetrische Synthese von Marckwald, 1904. Systematische Untersuchungen von McKenzie, 1936, Ritchie, 1947, Cram, 1952, Prelog, 1953, Pracejus, 1967 u. a. Quantitative Behandlung von Ugi und Ruch, 1966. Unterteilung in enantio- und diastereoselektive Synthesen von Nakazaki und Izumi, 1971.

In einer „asymmetrischen" Synthese werden die Enantiomeren eines chiralen Moleküls in ungleichen Anteilen gebildet (über die Duplizität des Adjektivs „asymmetrisch" siehe unten). Ausgehend von einem achiral konstituierten Molekül erreicht man die bevorzugte Bildung eines der Enantiomeren durch Wechselwirkung mit einer chiralen Hilfssubstanz. Diese und das neu entstehende Chiralitätszentrum bilden diastereomere Übergangskomplexe, die verschiedene Bildungsgeschwindigkeiten und/ oder verschiedene thermodynamische Stabilität besitzen. Nach Ende oder Abbruch der Reaktion überwiegt immer ein Diastereomeres (bzw. ein Enantiomeres, nach Wiederabspaltung der chiralen Hilfssubstanz).

Je nach Art der Einwirkung und Verbleib der chiralen Hilfssubstanz können folgende asymmetrische Synthesen unterschieden werden:

1. Der chirale Hilfsstoff wird unter Erhalt seiner *Chiralität* wieder aus dem Molekülverband entfernt: „Externe" *(Pracejus)* oder „eliminative" asymmetrische Synthese *(Ritchie)*.

a) nichtkatalytisch (Atrolactinsäure-Synthese nach der *Prelogschen Regel*, Haradasynthese von Aminosäuren).
b) katalytisch (enzymatische Synthesen, Hydrierungen mit Seidenfibroin —Pd)

2. Der chirale Hilfsstoff verbleibt unter Erhalt seiner *Chiralität* im Molekül: „interne" *(Pracejus)* oder „konservative" *(Mislow)* asymmetrische Synthese (Synthesen nach der *Cramschen Regel*).

3. Der chirale Hilfsstoff verliert beim Aufbau des neuen Chiralitätszentrums seine *Chiralität*: Asymmetrie-Transfer-Prozesse *(Pracejus)* oder „immolative" asymmetrische Synthese *(Mislow)* (asymmetrische Meerwein-Ponndorf-Verley-Oppenauer-Redox-Reaktion).

4. Die chirale Beeinflussung erfolgt rein physikalisch: *„absolute"* asymmetrische Synthese.

Eine quantitative Behandlung asymmetrischer Synthesen versuchten in den letzten Jahren *Ugi* und *Ruch* („stereochemisches Strukturmodell").

„Asymmetrisch" ist ein Molekül ohne jede Symmetrie. In einer asymmetrischen Synthese entstehen jedoch chirale Moleküle, die keineswegs asymmetrisch sein müssen (vgl. Definition *„Asymmetrie", „Chiralität"*). Zur Vermeidung der Doppeldeutigkeit des Adjektivs „asymmetrisch" schlugen *Nakazaki* und *Izumi* vor, bei einer asymmetrischen Synthese grundsätzlich zwischen *„enantioselektiver"* und *„diastereoselektiver Synthese"* zu unterscheiden. Danach sind die meisten der „internen asymmetrischen Synthesen" zu den diastereoselektiven, die „externen" und „absoluten" zu den enantioselektiven Synthesen zu rechnen.

W. Marckwald: Ber. dtsch. chem. Ges. *37*, 349, 1368 (1904).
A. McKenzie: Ergeb. Enzymforsch. *5*, 49 (1936).
P. D. Ritchie: Adv. Enzymol. *7*, 65 (1947).
D. J. Cram, F. A. A. Elhafez: J. Amer. chem. Soc. *74*, 5828 (1952) und spätere Arbeiten.
V. Prelog: Helv. chim. Acta *36*, 308 (1953) und spätere Arbeiten.
H. Pracejus: Fortschr. chem. Forsch. *8*, 493 (1967) (dort 345 Lit.-Zitate).
Je. J. Klabunowski: Berlin: VEB Deutscher Verlag der Wissenschaften 1963 (dort 750 Lit.-Zitate).
D. R. Boyd, M. A. McKervey: Quart. Rev. (London) *22*, 95 (1968).
T. D. Inch: Synthesis 1970, S. 466.
Y. Izumi: Angew. Chem. *83*, 956 (1971).
I. Ugi, E. Ruch: Topics Stereochem. *4*, 99 (1969). Dort weitere Literatur.
E. Anders, E. Ruch, I. Ugi: Angew. Chem. *85*, 16 (1973).

Asymmetrische Umlagerung

Definition von Rich. Kuhn, 1932. Spätere Arbeiten vor allem von M. M. Jamison (= M. M. Harris), 1942–58.

In einer idealen und vollständigen asymmetrischen Umlagerung wird unter dem Einfluß einer optisch stabilen Verbindung ein epimerisierbares, optisch instabiles Enantiomeres in 100-proz. Ausbeute in das entsprechende, entgegengesetzt drehende Enantiomere umgewandelt. Eine solche Umwandlung verläuft ohne einen einzigen Syntheseschritt und beruht nur auf einer stereochemischen Konfigurationsänderung. Man unterscheidet nach *Rich. Kuhn* asymm. Umlagerungen *erster Art* und *zweiter Art*, zwischen denen jedoch kein grundsätzlicher Unterschied besteht.

Bei einer *asymm. Umlagerung erster Art* erhält man aus einer optisch instabilen racemischen Säure ($\pm$) A nach Behandeln mit einer optischen aktiven, stabilen Base ($-$)B ein Diastereomerengemisch, in dem eines der diastereomeren Salze (aufgrund der Unterschiede in der freien Energie) überwiegt, jedoch nicht in reiner Form isoliert werden kann. Die aus den Salzen freigesetzten Säuren sind kurzzeitig optisch aktiv, racemisieren aber sehr rasch.

$$(\pm)A + (-)B \longrightarrow (+)A(-)B + (-)A(-)B \longrightarrow (+)A(-)B \qquad \text{X Proz.}$$
$$\text{Salzbildung} \qquad \qquad \updownarrow$$
$$(-)A(-)B \qquad (100-X) \text{ Proz.}$$
$$\text{Gleichgewicht}$$

Die Mengen der Diastereomeren sind bei der Salzbildung zunächst gleich. Erst allmählich stellt sich aufgrund der optischen Instabilität von A und der Energieunterschiede das Gleichgewicht ein. Die Gleichgewichtseinstellung ist von *Mutarotation* begleitet. Alle rein konfigurativ verlaufenden Mutarotationen verlaufen über eine asymmetrische Umlagerung 1. Art.

Bei einer *asymmetrischen Umlagerung zweiter Art* kristallisiert direkt aus dem Gleichgewicht ein Diastereomeres (Weg a oder b) aus, welches sofort nachgebildet wird, so daß die Umsetzung quantitativ verläuft.

$$(+)A(-)B \xrightarrow{a} (+)A(-)B \qquad 100 \text{ Prozent}$$
$$\updownarrow$$
$$(-)A(-)B \xrightarrow{b} (-)A(-)B \qquad 100 \text{ Prozent}$$
$$\text{Gleichgewicht}$$

Hierzu gehört die Kristallisation mutarotierender Zucker. Glucose kristallisiert aus Alkohol ausschließlich in der α-Form, aus warmem Pyridin in der β-Form.

M. M. Jamison, E. E. Turner: J. chem. Soc. *1942,* 437.
R. Kuhn: Ber. dtsch. chem. Ges. *65,* 49 (1932).
Zusammenfassende Literatur:
Th. Wagner-Jauregg, in: *K. Freudenberg:* Stereochemie, S. 869. Leipzig-Wien: Franz Deuticke 1933.
M. M. Harris, in: *W. Klyne, P. B. D. de la Mare:* Progress in stereochemistry, Vol. 2, Kap. 5. London: Butterworths 1958.
E. L. Eliel: Stereochemie der Kohlenstoffverbindungen, S. 47ff. Weinheim: Verlag Chemie 1966.

Atropisomerie

Atropisomere erstmals isoliert von Christie und Kenner 1922 (6,6'-Dinitrodiphensäure). Für die zunächst als „Biphenylisomerie" bezeichnete Erscheinung prägte Rich. Kuhn 1933 den Begriff „Atropisomerie".

Atropisomere sind alle isolierbaren Verbindungen, deren Isomerie auf einer Behinderung der freien Drehbarkeit um Einfachbindungen beruht (vgl. Konformationsisomerie). Bei Raumtemperatur werden diese Isomeren faßbar, wenn die Energiebarriere der inneren Rotation bei 16 bis 20 kcal liegt. Die Atropisomerie ist damit ein Spezialfall der Konformationsisomerie; zwischen beiden besteht keine scharfe Grenze.

Geeignet substituierte Biphenyle (z. B. 6,6'-Dinitrodiphensäure) enthalten eine aus dem rotationsbehinderten Biphenylsystem bestehende Chiralitätsachse. Sie sind optisch aktiv und oberhalb der 20-kcal-Barriere in stabile Enantiomere spaltbar (zur Konfigurationsnomenklatur vgl. Chiralitätselemente, RS-System). Bei mehr als einer Rotationsbehinderung (Poly-Phenyle) können optisch aktive und inaktive Diastereoisomere gebildet werden.

Die Atropisomerie ist natürlich nicht auf Biphenyle beschränkt, sondern tritt überall auf, wo eine genügend hohe Energieschwelle die Isolierung von Konformeren ermöglicht, z. B. in Ansaverbindungen, Cyclophanen, Bispyrrol-Derivaten usw. (vgl. auch „in-out-Isomerie").

6,6'-Dinitrodiphensäure   Binaphthyl

Bis-pyrrol-Derivate   Ansaverbindungen   Cyclophane

G. H. Christie, J. Kenner: J. Chem. Soc. 121, 614 (1922).
R. Kuhn, in: K. Freudenberg: Stereochemie, S. 810. Leipzig-Wien: Franz Deuticke 1933.

Zusammenfassende Literatur:
E. L. Eliel: Stereochemie der Kohlenstoffverbindungen, S. 182ff.
E. L. Eliel: Grundlagen der Stereochemie, S. 50ff. Basel: Birkhäuser 1972.
K. Mislow: Einführung in die Stereochemie, S. 73. Weinheim: Verlag Chemie 1967.
K. Hall, in: W. Klyne, P. B. D. de la Mare: Progress in Stereochemistry, Vol. 4, S. 1. London: Butterworths 1969.

Baeyersche Spannungstheorie

Von A. v. Baeyer, 1885.

Die nach *A. v. Baeyer* benannte Spannungstheorie setzt den Aufbau als eben angesehener, cyclischer Verbindungen in Beziehung zu ihrem Energiegehalt. *Baeyer* ging davon aus, daß miteinander verbundene

Kohlenstoffatome sich so zueinander anordnen, daß ihre Valenzen den Tetraederwinkel 109° 28′ einschließen. Eine Verkleinerung oder Spreizung dieses Idealwinkels führt folglich zu einer Erhöhung des Energieinhalts des Moleküls, zu einer Winkelspannung, die als Baeyer-Spannung bezeichnet wird. Das Maß des Energieinhalts ist die Verbrennungswärme, die in gespannten cyclischen Systemen höher als die ihrer kettenförmigen Isomeren ist. Der numerische Wert N der Baeyer-Spannung entspricht der Hälfte der Differenz von idealem Tetraederwinkel und dem im cyclischem Molekül tatsächlich vorhandenem Winkel W (die Spannung verteilt sich auf zwei Valenzen):

$$N = \tfrac{1}{2}(109°\,28' - W)$$

Vom Cyclopropan an ($W=60°$, Baeyer-Spannung = 24° 44′) nimmt die Winkelspannung, den energetischen Verhältnissen entsprechend, ab und erreicht beim Cyclopentan den Wert 0° 44′. Nach *Baeyer* steigt ab Cyclohexan aufgrund der Winkelspreizung die Spannung und damit der Energieinhalt wieder an. Nach der heute bewiesenen *Sachse-Mohrschen Theorie* liegen Cyclohexan und seine höhergliedrigen Homologen in gewellter Form vor, die eine weitgehende Einhaltung des Tetraederwinkels erlaubt. Der Baeyerschen Spannungstheorie im klassischen Sinne gehorchen sie nicht mehr.

Auch Cyclopentan liegt nicht in ebener Form vor (vgl. Pitzer-Spannung). Aufgrund der starken Behinderung der 10 ekliptischen Methylenprotonen kommt es zur Ausbildung von zwei Konformationen (Envelope- oder Briefumschlag- und Halbsesselform), die bei einer Winkelverkleinerung zu einer Erhöhung der Baeyer-Spannung führen, die Gesamtspannung jedoch senken.

Die „nichtklassische Spannung", die in den mittleren cyclischen Verbindungen der Gliederzahl 8–11 auftritt und in einer deutlichen Erhöhung der Verbrennungswärme pro CH_2-Gruppe zum Ausdruck kommt, wird durch mehrere Komponenten bewirkt. Neben der klassischen Baeyerspannung spielen hier die *Pitzerspannung* und die *Transanularspannung* eine Rolle.

A. v. Baeyer: Ber. dtsch. chem. Ges. *18*, 2269 (1885).
J. E. Kilpatrick, K. S. Pitzer, R. Spitzer: J. Amer. chem. Soc. *69*, 2483 (1947).
V. Prelog, in: *A. Todd:* Perspectives in organic chemistry, S. 96. New York: Interscience Publishers 1956.

J. D. Dunitz, V. Prelog: Angew. Chem. **72**, 896 (1960).
J. B. Hendrickson: J. Amer. chem. Soc. **86**, 4854 (1964).
K. B. Wiberg: J. Amer. chem. Soc. **87**, 1070 (1965).
Mislow, S. 33.
Eliel, S. 233.

Bredtsche Regel

Aufgestellt von J. Bredt, 1902. Einschränkungen von Prelog, Ruzicka, 1948, und Wiseman, 1967.

Die Bredtsche Regel besagt, daß in überbrückten bicyclischen Verbindungen eine Doppelbindung nicht vom Brückenkopf, dem Verzweigungskohlenstoff der beiden Ringe, ausgehen darf. Sie ist auch in heterocyclischen Verbindungen gültig und verbietet die Existenz der Ringsysteme I und II. In vielen Beispielen wurde die Gültigkeit der Bredtschen Regel gezeigt.

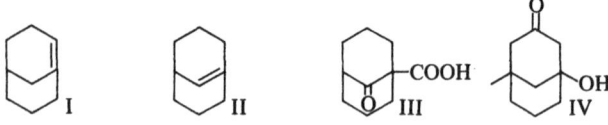

So kann z. B. Verbindung III nicht decarboxyliert und IV nicht dehydratisiert werden, weil nach der Regel „verbotene" Moleküle entstünden. Die Grenzen der Bredtschen Regel wurden von *Prelog* und *Ruzicka* in den Jahren 1948–1950 und neuerdings von *Wiseman* aufgezeigt (vgl. auch in-out-Isomerie).

Prelog und *Ruzicka* stellten bei Cyclisierungsversuchen fest, daß Verbindung V dann eine anti-Bredt-Doppelbindung besitzen kann, wenn $n > 5$ ist. Das von *Wiseman* 1967 synthetisierte Bicyclo-(3,3,1)non-1-en (VI) schränkt die Gültigkeit der Bredtschen Regel weiter ein. Eine Überlappung der p-Orbitale, die zur Ausbildung der vom Brückenkopf ausgehenden Doppelbindung führt, ist bei Verbindung VI nur dann möglich, wenn der Cyclohexenring in Bootkonformation vorliegt.

J. Bredt, J. Houben, P. Levy: Ber. dtsch. chem. Ges. *35,* 1286 (1902).
J. Bredt: Liebigs Ann. Chem. *437,* 1 (1924).
F. S. Fawcett: Chem. Rev. *47,* 219 (1950).
C. Fort, P. R. Schleyer, in: Advances in alicyclic chemistry, S. 364. New York-London: Academic Press 1966.
G. L. Buchanan, in: Topics in carbocyclic chemistry, vol. I, S. 239. Logos Press, 1969.
V. Prelog, L. Ruzicka, P. Barman, L. Frenkiel: Helv. Chim. Acta *31,* 92 (1948).
V. Prelog: J. Chem. Soc. *1950,* 420.
J. R. Wiseman: J. Amer. chem. Soc. *89,* 5966 (1967); – *91,* 2812 (1969).
G. Köbrich: Angew. Chem. *85,* 494 (1973).
Eliel, S. 361.
Mislow, S. 95.

Chiralität

„Cheirality" *in einem Vortrag 1884 von Lord Kelvin eingeführt, publiziert 1904. Der Begriff geriet zunächst in Vergessenheit, tauchte dann Mitte dieses Jahrhunderts in der Kernphysik und später in der Stereochemie (Whyte, 1958) wieder auf. Er verdrängte hier vollständig den synonym benutzten Ausdruck* „Dissymmetrie".

Chiralität bedeutet „Händigkeit" (von gr. χεῖρ = Hand). Jedes Molekül, das nicht mit seinem Spiegelbild zur Deckung gebracht werden kann, ist chiral (händig). Dagegen ist jedes Molekül mit Spiegelsymmetrie „achiral" (symmetrisch).

Chiralität ist die notwendige und hinreichende Bedingung für die Existenz von Enantiomeren und damit für das Auftreten von *optischer Aktivität* (*Asymmetrie* ist hinreichend, aber nicht notwendig). Chirale Moleküle können noch eine n-zählige Symmetrieachse (*Symmetrieelement* 1. Art), nicht aber Symmetriezentrum, -ebene oder Drehspiegelachse (*Symmetrieelemente* 2. Art) besitzen. Asymmetrische Moleküle enthalten keinerlei *Symmetrieelemente.*

Die Chiralität eines n-dimensionalen Objekts kann nur in einem Raum gleicher Dimensionalität beobachtet werden (R^n). Ebene Moleküle wie CH_3CHO oder $ClCH=CHBr$ sind chiral im R^2, aber achiral im R^3. Zur Vereinfachung sind die trigonalen Atome durch gleichseitige Dreiecke, die tetrahedralen durch regelmäßige Tetraeder dargestellt, die jeweils mit verschiedenen Liganden besetzt sind:

chiral im R^2,
aber
achiral im R^3

chiral im R^3

Zur Diskussion der dreidimensionalen Chiralität (= Orientierbarkeit im Raum) betrachtet man gewöhnlich das Modell eines individuellen Moleküls. *Konfiguration* und *Konformation* müssen eindeutig festgelegt sein. So ist die *Konfiguration* des als frei drehbar angesehenen Äthans achiral, obwohl viele seiner möglichen *Konformationen* chiral sind Ein Molekül ist erst dann chiral, wenn auch alle unendlich vielen Konformationen chiral sind, d. h. wenn ein C-Atom asymmetrisch substituiert ist (1.1.1-Chloräthylpropyl-äthan).

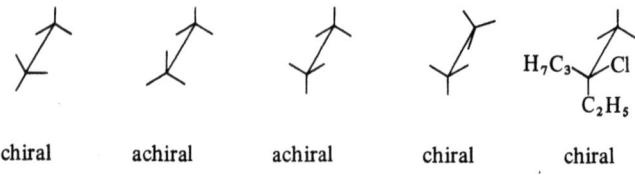

chiral   achiral   achiral   chiral   chiral

Lord Kelvin: Baltimore Lectures 1884, S. 436, 619. London: C. J. Clay and Sons 1904.
L. L. *Whyte:* Nature (London), *180*, 513 (1957); *182*, 198 (1958).
R. S. *Cahn, C. K. Ingold, V. Prelog:* Angew. Chem. 78, 413 (1966).
E. L. *Eliel:* Stereochemie der Kohlenstoffverbindungen, S. 14ff. Weinheim: Verlag Chemie 1966. Dort weitere Literatur.
K. *Mislow:* Einführung in die Stereochemie. Weinheim: Verlag Chemie 1967.

Chiralitätselemente

Unterteilung in zentrale, axiale und planare Chiralität von Cahn, Ingold und Prelog, 1966.

Die *Chiralität* kann entsprechend der dreidimensionalen Natur des Raumes in zentrale, axiale und planare Chiralität untergliedert werden. Man spricht von „Chiralitätszentrum", „Chiralitätsachse" und „Chiralitätsebene".

Ein Chiralitätszentrum ist in der organischen Chemie fast immer ein asymmetrisch substituiertes C-Atom, welches vereinfacht durch ein regelmäßiges, mit vier verschiedenen achiralen Liganden besetztes Tetraeder mit T_d-Punktsymmetrie (vgl. *Punktgruppen*) dargestellt werden kann. Es muß aber nicht immer Sitz eines Atoms sein. Denkbar ist ein Adamantan-Derivat, in dem alle vier tertiären Atome durch verschiedene Liganden substituiert sind. Hiervon existiert nur ein Enantiomerenpaar entsprechend einem Chiralitätszentrum. Dieses ist identisch mit dem von keinem Atom besetzten Molekülzentrum.

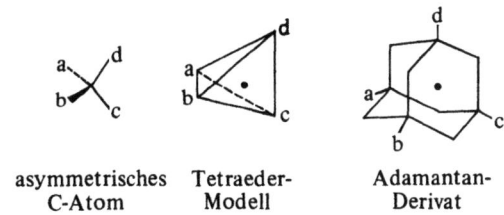

asymmetrisches C-Atom   Tetraeder-Modell   Adamantan-Derivat

Zu einer Chiralitätsachse gelangt man, wenn man ein Raummodell mit D_{2d}-Punktsymmetrie (ein in einer Dimension gedehntes Tetraeder) mit verschiedenen Liganden besetzt. Bekannte Verbindungen mit Chiralitätsachse sind etwa Allene, Biaryle und Spirane (vgl. *Atropisomerie*). Chiral sind bereits Verbindungen mit zwei ungleichen Liganden pro Achsenende.

Achse —— $\overset{a}{\underset{b}{\diagdown}}C=C=C\overset{a}{\underset{b}{\diagup}}$ —————

Allen D_{2d}-Modell

Ebenen aus ungesättigten, konjugiert ungesättigten oder aromatischen Systemen (Ansaverbindungen, Paracyclophane, trans-Cycloolefine), die nicht Symmetrieebenen des Moleküls sind, sind Chiralitätsebenen. Verglichen mit den Chiralitätsachsen genügt eine nochmals verminderte Anzahl von Unterschieden außerhalb der Ebene, um Chiralität zu erzeugen. Als vereinfachtes Modell dient eine verzerrte Pyramide mit C_s-Punktsymmetrie.

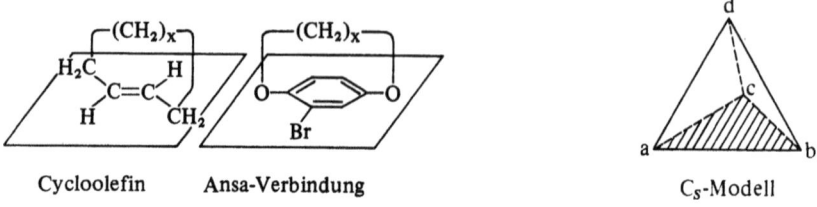

Cycloolefin   Ansa-Verbindung C_s-Modell

R. S. Cahn, C. K. Ingold, V. Prelog: Angew. Chem. 78, 413 (1966).
V. Prelog, G. Helmchen: Helv. chim. Acta 55, 2581 (1972).

Cis-trans-Isomerie

Erkannt von LeBel und van't Hoff („geometrische Isomerie"), 1874.

Zwei Liganden sind cis-ständig, wenn sie auf derselben Seite, trans-ständig, wenn sie auf entgegengesetzten Seiten einer Bezugsebene liegen. Bei Olefinen (I) verläuft diese senkrecht zur Molekülebene durch die C=C-Doppelbindung, bei cyclischen Verbindungen wird sie durch den als eben angesehenen Ring (II) repräsentiert. Die sich bei tri- und tetrasubstituierten Olefinen ergebenden Schwierigkeiten bei der Auswahl der Liganden zur cis-trans-Nomenklatur werden durch Anwendung der *Sequenzregel* (seqcis, seqtrans, vgl. EZ-System) gelöst.

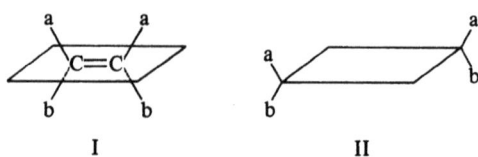

I   II

Cis-trans-Isomere können *Diasteromerie* und *Enantiomerie* zeigen. Malein- und Fumarsäure (III) sind als cis- und trans-Äthylendicarbonsäuren achiral und diastereomer. Enthält einer der Liganden a oder b in I ein *Chiralitätselement* (IV, mit F als chiralem Liganden), tritt neben cis-trans-Isomerie „normale" Enantiomerie auf. Sind a und b eines der C-Atome in I durch zwei enantiomorphe Liganden (F und Ⅎ) ersetzt (V), können sogenannte geometrische Enantiomere isoliert werden.

$$
\begin{array}{cc}
\text{COOH} \quad \text{COOH} & \text{COOH} \quad \text{H} \\
\diagdown \diagup & \diagdown \diagup \\
C=C & C=C \\
\diagup \diagdown & \diagup \diagdown \\
H \quad H & H \quad \text{COOH}
\end{array}
$$

III

$$
\begin{array}{cc}
a \quad F & a \quad F \\
\diagdown \diagup & \diagdown \diagup \\
C=C & C=C \\
\diagup \diagdown & \diagup \diagdown \\
b \quad b & b \quad \text{Ⅎ}
\end{array}
$$

IV   V

VI   VII
       (+)-   (−)-
       Enantiomeres

Cis-1.2-disubstituierte Cyclohexanderivate (VI) sind achirale meso-Formen, die trans-Isomeren dagegen Enantiomere (VII). Die Bezeichnung als „cis" und „trans" ist hier eindeutig. Bei polysubstituierten Cyclanen dagegen muß durch Einführung einer Referenzgruppe (r-Gruppe) festgelegt werden, von welcher Gruppe die cis-trans-Bezeichnung ausgeht *(Beilstein)*. Die r-Gruppe ist stets die Gruppe, die an dem niedrigst bezifferten Ringatom steht, wobei die Ringbezifferung gemäß den IUPAC-Regeln vorgenommen wird. Ist mehr als ein Substituent an dieses niedrigst bezifferte Ringatom gebunden, wird der nach der *Sequenzregel* bevorzugte ermittelt. Wenn zwei Möglichkeiten bestehen, von einem Atom aus zur Benennung um den Ring zu gehen, wählt man den Weg, der mit dem 2. Liganden cis-Stellung ergibt.

Beispiele (mit OH als r-Gruppe):

HO͟   CH₃
    1
    4
H⁄   ᐠCH₃
1-trans, 4-dimethyl-
cyclohexan-r-1-ol

OH
 1
 5 3
CH₃   CH₃
cis-3, trans-5-dimethyl-
cyclohexan-r-1-ol

Cis- und trans-Stellungen an Einfachbindungen mit partiellem Doppelbindungscharakter (z. B. konjugierte Diene) bezeichnet man als „cisoid" und „transoid" (nach *Mulliken* als „s-cis" und „s-trans", s = single bond):

s-cis   s-trans

Eliel, S. 5ff. Dort weitere Literatur.
J. H. *van't Hoff:* La chimie dans l'espace. Rotterdam: Bazendijk 1875. Deutsch von F. *Herrmann.* Braunschweig: Vieweg 1877.
E. L. *Eliel:* J. chem. Educat. *48*, 163 (1971).
R. S. *Mulliken:* Rev. Mod. Physics *14*, 265 (1942).

Cotton-Effekt (CE)

Entdeckt von A. Cotton 1896 an alkalischen Lösungen von Cu- und Cr-tartrat.

Eine Substanz mit *optisch aktivem Chromophor* zeigt im Bereich des Absorptionsmaximums einen der „schlichten" (engl. plain) *ORD*-Kurve wellenförmig überlagerten Anteil, der als Cotton-Effekt bezeichnet wird. Er ist eng verknüpft mit dem *Zirkulardichroismus*, d. h. dem Vermögen, rechts- und linkszirkular *polarisiertes Licht* verschieden stark zu absorbieren.

Je nach positiver oder negativer Grund-ORD sind vier Typen eines Cotton-Effektes möglich (nach *G. Snatzke*):

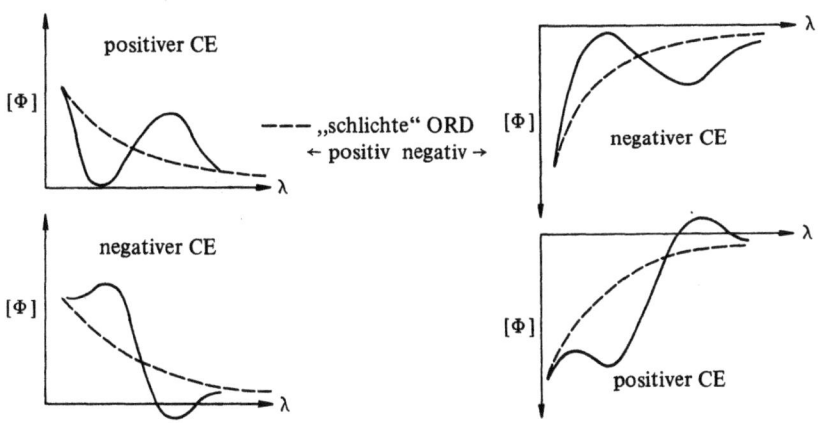

Liegt der Gipfel (engl. peak, der Begriff Maximum wird absichtlich vermieden) bei höheren Wellenlängen als das Tal (engl. trough), ist der Cotton-Effekt positiv, liegt er bei niederen Wellenlängen, negativ (Regel von *Natanson* und *Bruhat*). Der Wendepunkt einer ORD-Kurve mit Cotton-Effekt liegt im Idealfalle bei der gleichen Wellenlänge λ_0 wie das Maximum einer CD-Kurve. Dieses wiederum entspricht, sofern keine Überlappungen durch Nachbarbanden stattfinden, dem Maximum eines Absorptionsspektrums.

Ein Cotton-Effekt läßt sich also entweder durch Messen des Drehwinkels in Abhängigkeit von der Wellenlänge (ORD) oder eine differentielle Absorptionsmessung (CD) bestimmen. Bei Kenntnis einer der beiden Kurven über den gesamten Wellenlängenbereich läßt sich die andere errechnen (Kronig-Kramers-Transformation).

Enantiomere haben entgegengesetzte Cotton-Effekte und CD-Extrema entgegengesetzten Vorzeichens:

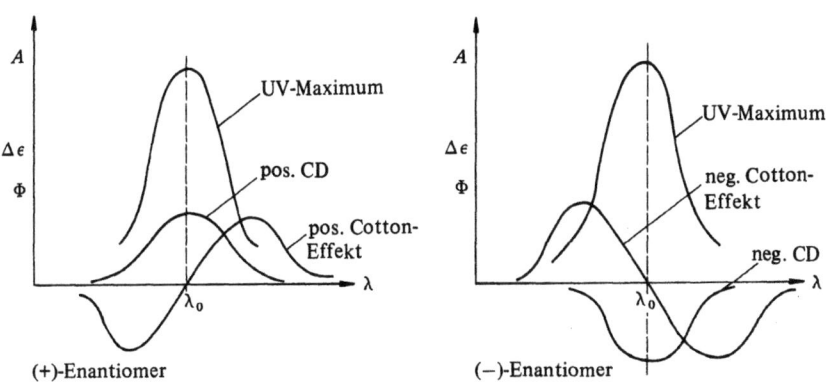

Die durch 100 dividierte Differenz der molaren Drehwerte bei Gipfel und Tal eines Cotton-Effektes wird „molekulare Amplitude" genannt:
$a = \Phi_{\text{Gipfel}} - \Phi_{\text{Tal}}/100$.

A. Cotton: Ann. chim. phys. *8*, 347 (1896); Compt. Rend. *120*, 989, 1044 (1895).
W. Kuhn, K. Freudenberg: Drehung der Polarisationsebene des Lichts, Leipzig: Akad. Verlagsges. 1932.
T. M. Lowry: Optical rotatory power. New York: Dover Publ. 1964. Unveränderte Auflage von: London: Longmans, Green & Co 1935.
C. Djerassi: Optical rotatory dispersion. New York: McGraw-Hill 1960.
L. Velluz, M. Legrand, M. Grosjean: Optical circular dichroism. Weinheim: Verlag Chemie 1965.
P. Crabbé: Optical rotatory dispersion and circular dichroism in organic chemistry. San Francisco: Holden Day Publ. 1965.
G. Snatzke (Hrsg.): Optical rotatory dispersion and circular dichroism in organic chemistry. London: Heyden & Son 1965; vgl. auch Angew. Chem. *80*, 15 (1968).
P. Crabbé: ORD and CD in chemistry and biochemistry. New York-London: Academic Press 1972.

Cramsche Regel

Von Cram und Abd Elhafez, 1952.

Die Cramsche Regel erlaubt bei einem bestimmten Typ von *asymmetrischen Synthesen* – der nucleophilen Addition von Organometallverbindungen an CO-Doppelbindungen – eine Voraussage darüber, welches Stereoisomere bevorzugt gebildet wird. Die Regel ist empirisch und qualitativ.

Voraussetzungen für ihre Anwendung sind:

1. Durch die Addition entsteht ein neues Chiralitätszentrum,
2. diesem unmittelbar benachbart ist ein weiteres Chiralitätszentrum (ein C-Atom mit drei Liganden unterschiedlicher Raumerfüllung).

3. Der Übergangszustand bevorzugt diejenige Konformation, in der die CO-Doppelbindung von den beiden kleinsten Liganden flankiert wird.

Nach *Cram* greift nun das nucleophile Agens bevorzugt von der Seite des kleinsten Liganden an, weil dadurch die Aktivierungsenergie des Übergangszustandes am kleinsten gehalten wird. Für jeden Angriff von einer anderen Seite ist die Energiebilanz ungünstiger.

K = Klein
M = Mittel
G = Groß

Synthesen dieser Art sind nach *Izumi* „diastereoselektiv". Der Angriff des Carbanions auf das Prochiralitätszentrum (das C-Atom der CO-Gruppe) erfolgt bevorzugt von der Re- oder Si-Seite (vgl. Re/Si-System, Prochiralität, asymmetrische Synthese).

Nach einem von *Ugi* ausgearbeiteten mathematischen Modell kann ohne derartige Konformationsbetrachtungen das Mengenverhältnis der entstehenden Diastereomeren berechnet werden. Danach werden die Einflüsse der Chiralitätszentren durch sog. „Chiralitätsparameter" beschrieben, die ein Maß für die Raumerfüllung der Liganden sind.

Die Regel gilt nicht für katalytische Hydrierungen, da hier der Übergangszustand von der Katalysatoroberfläche beeinflußt wird. Sie gilt nur für kinetisch gesteuerte Reaktionen, d. h. solche, die nach kurzer Zeit abgebrochen werden. Über längere Reaktionszeiträume (thermodynamisch gesteuert) können andere Ergebnisse erzielt werden.

D. J. Cram, F. A. A. Elhafez: J. Amer. chem. Soc. 74, 5828 (1952) und spätere Arbeiten.
Y. Izumi: Angew. Chem. *83*, 956 (1971).
E. Ruch, I. Ugi: Theoret. chim. Acta (Berlin), 4, 287 (1966).
Eliel, S. 82, 537 ff. Dort weitere Literatur.

Cyclostereoisomerie, Cycloenantiomerie, Cyclodiastereoisomerie

Von Prelog und Gerlach geprägte Bezeichnungen (1964).

Prelog und *Gerlach* fassen Cycloenantiomerie und Cyclodiastereoisomerie unter dem Begriff Cyclostereoisomerie zusammen. Sie tritt in cyclischen, gerichteten, tatsächlich oder statistisch planaren Verbindungen auf, die im Ring (oder an Ringatome gebunden) $2n$ Chiralitätszentren enthalten, wobei eine Hälfte n der anderen Hälfte n enantiomer ist. In solchen Ringverbindungen treten zwei isomerieerzeugende Charakteristika auf, die Ringrichtung und das Verteilungsmuster der Chiralitätszentren. Ringverbindungen dieser Art sind cycloenantiomer, wenn ihre Spiegelbilder gleiches Verteilungsmuster und verschiedene Ringrichtung zeigen, sie sind cyclodiastereomer, wenn gleiches Verteilungsmuster und verschiedene Ringrichtung, aber keine Spiegelbildisomerie vorliegt. Daneben finden sich meso-Verbindungen, die sich bei einer Spiegelung nicht ändern und „normale" Enantiomere, bei denen sich sowohl das Verteilungsmuster als auch die Ringrichtung bei der Spiegelung ändern.

Die von *Prelog* und Mitarb. dargestellten Cyclohexaalanyle (Ia, b) sind cycloenantiomer, d. h. das Verteilungsmuster ist nach Spiegelung unverändert, die Ringrichtungen jedoch entgegenlaufend.

ALA ≙ R-Konfiguration

ala ≙ S-Konfiguration

Ia, Ib

Die Ringrichtung ist in solchen Verbindungen durch die Atomfolge —NH—CHR—CO— (IIc) bzw. umgekehrt festgelegt. IIb ist ebenfalls gerichtet, deshalb sind in solchen Systemen Cyclostereoisomere zu erwarten. IIa ist ungerichtet, hier tritt keine Cyclostereoisomerie auf. (Ein Stern in IIa–c kennzeichnet ein *Chiralitätselement*.)

II a ungerichtet   II b gerichtet   II c gerichtet

Abb. 1 zeigt einige Verteilungsmuster, deren Chiralitätszahl $2n = 10$ ist. Die jeweils 5 Bauelemente entgegengesetzter Chiralität sind durch offene Kreise ($\bigcirc$ = R-Konfiguration) und volle Kreise ($\bullet$ = S-Konfiguration) dargestellt. Die Spiegelebenen stehen senkrecht zur Papierebene und sind durch Striche symbolisiert. Bei Spiegelung entsteht aus der R-Konfiguration die S-Konfiguration.

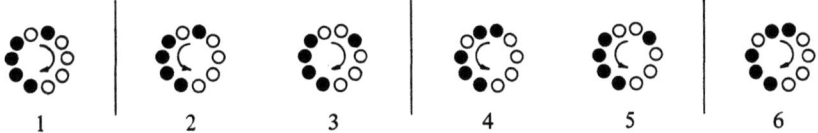

1   2   3   4   5   6

Verteilungsmuster 1 ist zu 2 cycloenantiomer
Verteilungsmuster 3 ist zu 4 „normal" enantiomer
Verteilungsmuster 3 ist zu 5 und
                   4 ist zu 6 cyclodiastereomer.

V. Prelog, H. Gerlach: Helv. chim. Acta 47, 2288 (1964).
H. Gerlach, J. A. Owtschinnikow, V. Prelog: Helv. chim. Acta 47, 2294 (1964).
R. Cruse, in: *E. L. Eliel:* Stereochemie der Kohlenstoffverbindungen, S. 215 ff. Weinheim: Verlag Chemie 1965.

Diastereo(iso)merie

Definition nach Wheland, 1960.

Alle *Stereoisomere*, die nicht Enantiomere sind (sich also nicht wie Bild und Spiegelbild verhalten), sind Diastereomere. Diese Dichotomie der *Stereoisomerie* ist scharf und eindeutig: zwei Stereoisomere sind immer enantiomer *oder* diastereomer (vgl. Isomerie).

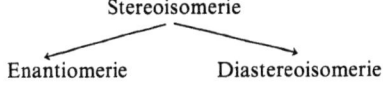

Nach dieser Definition ist Diastereomerie nicht an das Vorhandensein von zwei Chiralitätszentren (oder allgemein *Chiralitätselementen*) gebunden. Auch Fumar- und Maleinsäure sind als *cis/trans-Isomere* diastereomer. Das bedeutet, daß Diastereomere sowohl achiral (wie Fumar- und Maleinsäure) als auch chiral (wie etwa Glucose und Mannose) sein können. Enantiomere sind immer chiral.

Diastereomere unterscheiden sich in ihren physikalischen und chemischen Eigenschaften. Sie besitzen verschiedene Schmelzpunkte, Dichten, Löslichkeiten, UV-, IR-, NMR-Spektren usw. Es sind verschiedene Substanzen.

G. W. Wheland: Advanced organic chemistry, 3. Aufl. New York: J. Wiley & Sons 1960.
E. L. Eliel: J. chem. Educ. 48, 163 (1971).

Diastereoselektive Synthese

Von Izumi und Nakazaki, 1971.

Enthält ein Molekül ein Chiralitätszentrum und ein Prochiralitätszentrum, so kann man durch das Molekül eine Ebene legen, deren Vorder- und Rückseite im diastereotopen Verhältnis zueinander stehen. Bei einer Reaktion, die das Prochiralitätszentrum in ein neues Chiralitätszentrum umwandelt, kann das Reagenz von der Vorder- oder Rückseite der diastereotopen Ebene angreifen. Auf diese Weise entstehen diastereomere Übergangskomplexe, deren Aktivierungsenergien verschieden groß sind. Im Verlauf der Reaktion werden deshalb die Diastereomeren in unterschiedlicher Menge gebildet.

Beispiele sind die Reaktionen nach der Cramschen und Prelogschen Regel (vgl. *asymmetrische Synthese*) oder katalytische Hydrierungen. Ein Reaktant greift beiderseits der Ebene verschieden schnell an, ein Katalysator wird an der Vorder- und Rückseite der diastereotop reagierenden Ebene des Substrats verschieden stark adsorbiert.

| Chiralitäts-
zentrum | Prochiralitäts-
zentrum | | bevorzugtes Diastereomeres |

Y. *Izumi:* Angew. Chem. *83,* 956 (1971); dort weitere Literatur.
K. *Mislow, M. Raban:* Topics Stereochem. *1,* 1 (1967).

Diastereotopie

Eingeführt von Mislow und Raban, 1967.

Stereoheterotope Liganden (vgl. *Heterotopie*), die nicht enantiotop sind, heißen diastereotop. Sie lassen sich durch keine Symmetrieoperation ineinander überführen, ihre Umgebungen verhalten sich diastereomer:

Die Umgebung dieses Protons ist diastereomer zur Umgebung dieses Protons

Wechselseitiger Austausch der beiden Protonen gegen einen dritten Liganden, z. B. Deuterium, ergibt Diastereomere (cis-trans-Isomere):

Die chemischen und physikalischen Eigenschaften diastereotoper Liganden sind verschieden (Reaktionsgeschwindigkeiten, chem. Verschiebungen in NMR-Spektren), auch in achiralen Lösungsmitteln.

Auch die Seiten trigonaler Atome können sich diastereotop verhalten (vgl. *Re/Si-System, Pseudoasymmetrie, Propseudoasymmetrie*). So ist die Vorderseite eines Ketons F^R—CO—a, worin F^R ein chiraler Ligand mit R-Konfiguration und a ein achiraler Ligand ist, nicht identisch mit dem Spiegelbild der Rückseite. Mit chiralen und achiralen Reagenzien können an derartigen Zentren (das C-Atom des angeführten Ketons ist hier Prochiralitätszentrum) *diastereoselektive Synthesen* durchgeführt werden (vgl. Cramsche Regel, asymmetrische Synthese).

K. *Mislow*, M. *Raban:* Topics Stereochem. *1*, 1 (1967).
D. *Arigoni,* E. L. *Eliel:* Topics Stereochem. *4*, 127 (1969).
Mislow, S. 69, 128.

D,L-System

Erste Versuche zur Einführung eines Nomenklatur-Systems von E. Fischer, 1891, (Symbole d,l) und Rosanoff, 1906, (Symbole δ,λ). Einführung einer Bezugssubstanz (Glycerinaldehyd) von Wohl und Freudenberg, 1917. Modifizierung durch Vickery (1947) und Hudson, 1948 (Symbole D,L). Neue Symbole: vgl. das RS-System.

Das D,L-System ist nur anwendbar auf Verbindungen des Typs R—CHX—R'. Steht der Substituent X des Chiralitätszentrums in der *Fischer-Projektion* auf der rechten Seite, wie die OH-Gruppe im (+)-Glycerinaldehyd, hat das Chiralitätszentrum D-Konfiguration. Befindet er sich auf der linken Seite, hat es L-Konfiguration. Dem (+)-Glycerinaldehyd ist hierbei zunächst willkürlich die D-Konfiguration zugeordnet worden. Nach der erfolgreichen Bestimmung der absoluten *Konfiguration* einer bekannten Verbindung (NaRb-tartrat, *Bijvoet* et al., 1951), deren chemische Beziehung zum (+)-Glycerinaldehyd bekannt war, erwies sich diese Zuordnung als richtig.

Bei Zuckern, die mehr als ein Chiralitätszentrum besitzen, gilt, daß das am weitesten vom C-Atom mit der höchsten Oxydationsstufe entfernte Zentrum (in der Glucose also das der primären Alkoholgruppe benachbarte) für die Zuordnung entscheidend ist. Die (+)-Glucose wird damit als D-(+)-Glucose bezeichnet. Um anzudeuten, daß der einfachste Zucker, der (+)-Glycerinaldehyd, die Bezugssubstanz ist, schreibt man gelegentlich D_G (bzw. L_G).

$$
\begin{array}{cc}
\text{CHO} & \text{CHO} \\
| & | \\
\text{H—C—OH} & \text{H—C—OH} \\
| & | \\
\text{CH}_2\text{OH} & \text{HO—C—H} \\
& | \\
& \text{H—C—OH} \\
& | \\
& \text{H—C—OH} \\
& | \\
& \text{CH}_2\text{OH} \\
\text{D-Glycerinaldehyd} & D_G\text{-(+)-Glucose}
\end{array}
$$

Bei Aminosäuren ist dagegen das α-C-Atom für die Konfigurationsbezeichnung mit dem D,L-System verantwortlich. Als Bezugssubstanz fungiert hier das L-Serin. Entsprechend bezeichnet man die auf Serin bezogene Konfiguration am α-Chiralitätszentrum mit L_S (bzw. D_S).

$$
\begin{array}{cc}
\text{COOH} & \text{COOH} \\
| & | \\
\text{H}_2\text{N—C—H} & \text{H}_2\text{N—C—H} \\
| & | \\
\text{CH}_2\text{OH} & \text{H—C—OH} \\
& | \\
& \text{CH}_3 \\
\text{L-(−)-Serin} & L_S\text{-(−)-Threonin}
\end{array}
$$

E. *Fischer:* Ber. dtsch. chem. Ges. *24*, 2683 (1891); *52 (A)*, 129 (1919); vgl. auch Angew. Chem. *65*, 45 (1953).

M. A. *Rosanoff:* J. Amer. chem. Soc. *28*, 114 (1906).

A. *Wohl,* K. *Freudenberg:* Ber. dtsch. chem. Ges. 56, 309 (1923).

H. B. *Vickery:* J. Biol. Chem. *169*, 237 (1947); Science *113*, 314 (1951).

C. S. *Hudson:* Advan. Carbohydrates Chem. *3*, 1 (1948); J. chem. Educat. *30*, 120 (1953).

J. M. *Bijvoet,* A. F. *Peerdeman,* A. J. *van Bommel:* Nature (London) *168*, 271 (1951).

Doppelhelix (Watson-Crick-Modell)

Postuliert als Sekundärstruktur der Desoxyribonucleinsäure (DNS) von Watson und Crick, 1953.

Eine Doppelhelix wird von zwei DNS-Einzelsträngen gebildet, die antiparallel und komplementär in einer aufwärts im Uhrzeigersinn drehenden Schraube (P-Helix, vgl. *Helizität*) angeordnet sind. Ein Einzelstrang besteht aus Mononucleotidbausteinen, die über C-3' und C-5' der Desoxyribose verknüpft sind. Antiparallel heißt, daß die 3',5'-Internucleotidbindungen in beiden Strängen gegenläufig sind.

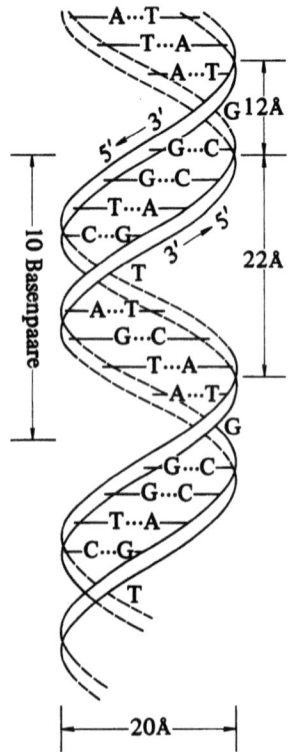

Durch die schraubenartige Verdrehung der Stränge entsteht eine große (22 Å) und eine kleine Furche (12 Å). Eine vollständige Windung wird also in 34 Å ausgeführt. Der Durchmesser der gesamten Doppelhelix beträgt ca. 20 Å.

Die Basen Adenin, Thymin, Guanin, Cytosin sind 1'-β-N-glykosidisch an die Desoxyribose gebunden und weisen nach der (hypothetischen) Helixachse. Der Zusammenhalt zwischen den beiden Strängen gelingt durch die Ausbildung von Wasserstoffbrücken zwischen den komplementären Basen A—T und G—C sowie durch hydrophobe Kräfte zwischen den übereinanderliegenden Basen-Paaren. Innerhalb einer Helixwindung liegen 10 Basenpaare in senkrecht zur Helixachse angeordneten Ebenen.

Die chirale Doppelhelixstruktur führt zu einer *optischen Aktivität* der DNS, die größer ist als die, die man durch Addition der Beiträge der Chiralitätszentren an der Desoxyribose erhalten würde. Die Messung der *ORD* vor und nach der Auflösung einer Doppelhelix dient daher zur Charakterisierung ungestörter Helixbereiche einer DNS.

J. D. Watson, F. H. C. Crick: Nature *171,* 737, 964 (1953).
H. R. Mahler, E. H. Cordes: Biological chemistry. New York: Harper Internat. Edit. 1966. Dort weitere Literatur.

Enantiomerie

Enantiomere („optische Antipoden", „Enantiomorphe"*), „Antiloge", „Antimere") sind *Stereoisomere,* die sich wie Gegenstand und Spiegelbild verhalten. Diese „optische Isomerie" ist durch die Drehung gekennzeichnet, die Enantiomere (in allen Aggregatzuständen) der Schwingungsebene des linear *polarisierten Lichts* erteilen. Enantiomere sind „optisch aktiv".

Enantiomere sind stets chiral. Chiralität ist die notwendige Bedingung für das Vorliegen von Enantiomeren.

Mit achiralen Partnern reagieren Enantiomere gleich schnell zu identischen oder enantiomeren Produkten. Mit allen chiralen Reagenzien ergeben sich jedoch unterschiedliche Reaktionsgeschwindigkeiten. Ein

---

* In der deutschsprachigen Literatur werden spiegelbildliche Kristallformen und geometrische Figuren als enantiomorph bezeichnet, vgl. *V. Prelog* und *G. Helmchen,* Helv. chim. Acta *55,* 2581 (1972); im englischen Sprachraum sind enantiomer und enantiomorph meist synonym.

chirales Reagenz ist z. B. ein Enzym. Enzyme reagieren oft nur mit einem Enantiomeren, während die Reaktionsgeschwindigkeitskonstante der Reaktion mit dem anderen Enantiomeren sehr klein ist: Nur (+)-Milchsäure wird von Milchsäuredehydrogenase zu Brenztraubensäure dehydriert, (−)-Milchsäure wird nicht angegriffen.

$$\underset{CH_3}{\underset{|}{H-\overset{COOH}{\overset{|}{C}}-OH}} \quad (+)\text{-Milchsäure} \xrightarrow{[\text{Milchsäuredehydrogenase}]} \underset{CH_3}{\underset{|}{\overset{COOH}{\overset{|}{C}}=O}}$$

$$\underset{CH_3}{\underset{|}{HO-\overset{COOH}{\overset{|}{C}}-H}} \quad (-)\text{-Milchsäure} \xrightarrow{\;\;\not\;\;}$$

Brenztraubensäure

Auch die Drehung der Ebene des linear polarisierten Lichts resultiert aus verschieden schneller und verschieden starker Wechselwirkung der Enantiomeren mit den chiralen Strahlen des links- und rechtszirkular polarisierten Lichts, aus dem sich linear polarisiertes Licht zusammensetzt (vgl. *zirkulare Doppelbrechung, Zirkulardichroismus, polarisiertes Licht*).

G. W. Wheland: Advanced organic chemistry, 3. Aufl., Kap. 6. New York: J. Wiley & Sons 1960.
E. L. Eliel: Grundlagen der Stereochemie. Basel: Birkhäuser 1972.
Eliel, S. 13 ff.
Mislow, S. 48 ff.

Enantioselektive Synthese

Definition von Izumi und Nakazaki, 1971.

Achirale Moleküle mit einem Prochiralitätszentrum lassen sich durch eine Ebene teilen, deren Vorder- und Rückseite im enantiotopen Verhältnis zueinander stehen (vgl. *Prochiralität, Re/Si-System*). Der Angriff eines Reaktionspartners von der Si-Seite führt zum einen, von der Re-Seite zum anderen Enantiomeren des neu gebildeten chiralen Moleküls.

Ein achirales Reagenz und ein achiraler Katalysator nähern sich beiden Seiten der enantiotopen Ebene mit gleicher Geschwindigkeit und erzeugen das Racemat. Ein chirales Reagenz (chirale „Hilfssubstanz", vgl. asymmetrische Synthese) oder ein chiraler Katalysator können dagegen Vorder- und Rückseite als „Re" oder „Si" identifizieren. Sie greifen sie verschieden schnell an und lassen ungleiche Anteile der R- und S-Enantiomeren entstehen. Chiraler Katalysator und chirales Reagenz besitzen „Enantioselektivität".

Beispiele sind Reaktionen mit chiralen Grignard-Reagenzien oder katalytische Hydrierungen mit Seidenfibroin-Pd (Akabori).

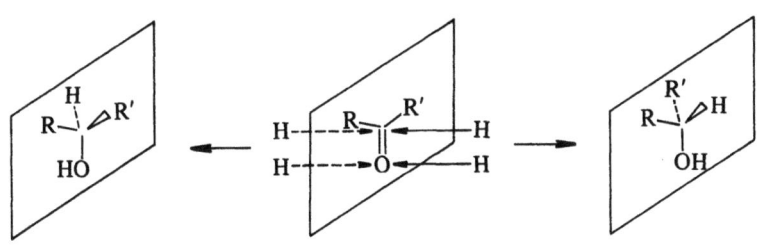

Y. Izumi: Angew. Chem. *83*, 956 (1971); dort weitere Literatur.
K. Mislow, M. Raban: Topics Stereochem. *1*, 1 (1967).

Enantiotopie

Eingeführt von Mislow und Raban, 1967.

Zwei stereoheterotope Liganden, die sich durch eine Drehspiegelung ineinander überführen lassen (S_n-Operation), werden als enantiotop bezeichnet. Ihre Umgebungen verhalten sich wie Bild und Spiegelbild:

$$\begin{array}{c} b \diagdown \quad \diagup H \\ \diagdown C \diagdown \\ a \diagup \quad \diagdown H \end{array}$$
⟵ Die Umgebung dieses Protons ist enantiomer
⟵ zur Umgebung dieses Protons

Bei wechselseitigem Austausch der beiden enantiotopen Liganden durch Deuterium entstehen Enantiomere. Definitionsgemäß ist damit ein Molekül mit enantiotopen Liganden stets auch prochiral (vgl. Prochiralität):

$$\begin{array}{c} b\diagdown\quad D \\ C \\ a\diagup\quad H \end{array} \quad \text{enantiomer zu} \quad \begin{array}{c} b\diagdown\quad H \\ C \\ a\diagup\quad D \end{array}$$

Enantiotope Protonen zeigen in symmetrischen Lösungsmitteln im NMR-Spektrum gleiche chemische Verschiebung, in chiralen Lösungsmitteln können verschiedene Verschiebungen auftreten. Eine der wichtigsten Eigenschaften ist die unterschiedliche Reaktivität gegenüber chiralen Reagenzien wie Enzymen (Beispiel vgl. Prochiralität).

In Molekülen wie Acetaldehyd verhalten sich die beiden Seiten („faces") des Moleküls enantiotop, d. h. ein von einer Seite angreifendes Reagens „sieht" das Spiegelbild dessen, was ein Reagens auf der anderen Seite „sieht". Angriff eines chiralen Reagens führt zur bevorzugten Bildung eines der beiden Übergangskomplexe (vgl. enantioselektive Synthese, asymmetrische Synthese).

K. Mislow: Einführung in die Stereochemie, S. 69, 128. Weinheim: Verlag Chemie 1967.

K. Mislow, M. Raban: Topics Stereochem. *1*, 1 (1967).

Entfernungssatz der optischen Drehung

Tschugaeff, 1898.

Der Beitrag eines asymmetrischen C-Atoms zum optischen Drehwert wird durch eine chemische Änderung am Molekül um so weniger beeinflußt, in je größerer Entfernung vom Chiralitätszentrum sie vorgenommen wird.

Verlängert man beispielsweise in sekundären Alkoholen den Rest R_2 immer um eine CH_2-Gruppe, so verändert sich das molekulare Drehvermögen nur zu Beginn und erreicht mit zunehmender Kettenlänge einen Grenzwert.

	R	[Φ]
CH₃ | H—C—OH | R	CH_3 C_2H_5 C_3H_7 C_4H_9 C_5H_{11} C_6H_{13} C_7H_{15}	0 10,3 12,1 12,0 12,0 12,7 12,4

L. *Tschugaeff:* Ber. dtsch. Chem. Ges. *31,* 360, 1775, 2451 (1898).
K. *Freudenberg:* Ber. dtsch. Chem. Ges. 66, 1177 (1933); Mh. Chem. *85,* 541 (1954).
J. H. *Brewster:* J. Amer. chem. Soc. *81,* 5475 (1959).
W. *Kuhn,* in: K. *Freudenberg:* Stereochemie, S. 396, 405, 693. Leipzig-Wien: Franz Deuticke 1933.
W. *Kuhn:* Angew. Chem. *68,* 93 (1956).

Epimerie

Die Begriffe Epimerie, Epimere wurden 1911 von E. Votoček eingeführt.

Epimerie ist ein Spezialfall der *Diastereomerie.* Sie beschreibt die Änderung der Konfigurationsverhältnisse an einem asymmetrischen C-Atom in Molekülen, die mindestens zwei oder mehrere Asymmetriezentren besitzen. Dabei bleiben die Konfigurationen der anderen asymmetrischen C-Atome erhalten.

```
     COOH                    COOH
      |                       |
  H—C²—OH                 HO—C²—H
      |                       |
  HO—C—H                  HO—C—H
      |          →            |
   H—C—OH                  H—C—OH
      |                       |
   H—C—OH                  H—C—OH
      |                       |
    CH₂OH                   CH₂OH
 D-Gluconsäure          D-Mannonsäure
```

Ein bekanntes Beispiel ist die von E. *Fischer* beobachtete Epimerisierung der D-Gluconsäure beim Erhitzen mit Chinolin, wobei das Epimere, die D-Mannonsäure, entsteht. Die Konfigurationsumkehr an C-2 geschieht unter Konfigurationserhaltung der restlichen 3 asymmetrischen C-Atome.

Die Begriffe Epimerie, Epimere und Epimerisierung (Vorgang der Konfigurationsumkehr im obigen Sinne) stammen ursprünglich aus der Kohlenhydratchemie. Zucker sind dann epimer, wenn sie sich in ihrer Konfiguration speziell am C-2 unterscheiden. Epimerenpaare sind z. B. Glucose/Mannose, Ribose/Arabinose, Allose/Altrose, Gulose/Idose usw.

E. *Votoček*: Ber. dtsch. chem. Ges. *44*, 360 (1911).
F. *Ebel*, in: K. *Freudenberg*: Stereochemie, S. 606, 671. Leipzig-Wien: Franz Deuticke 1933.
E. *Fischer*: Ber. dtsch. chem. Ges. *23*, 2611 (1890); *24*, 2136, 3622, 4216 (1891); E. *Fischer*, O. *Bromberg*, ebenda *29*, 581 (1896).
G. *Wittig*: Stereochemie, S. 33. Leipzig 1930.
Eliel, S. 47 ff.
Mislow, S. 85 f.

Erythro – threo

Für Verbindungen des Typs R—Cab—Cac—R' mit R—C—C—R' als Hauptkette und zwei benachbarten, konstitutionell verschiedenen Chiralitätszentren hat sich eine spezielle Konfigurationsbezeichnungsweise eingebürgert, die ihren Ursprung in der Kohlenhydratchemie hat. Danach werden die betreffenden Verbindungen mit den beiden Tetrosen Erythrose und Threose verglichen.

```
      R             R                R             R
      |             |                |             |
   a—C—b         b—C—a            a—C—b         b—C—a
      |             |                |             |
   a—C—c         c—C—a            c—C—a         a—C—c
      |             |                |             |
      R'            R'               R'            R'
     (+)-          (−)-             (+)-          (−)-
      erythro-Form                   threo-Form
```

Man betrachtet die *Fischer-Projektion* der Verbindung. Liegen die beiden gleichartigen Liganden in dieser Projektion auf der gleichen Seite wie die OH-Gruppen in der Erythrose, wird das Isomere „erythro-Form" genannt. Liegen sie auf entgegengesetzter Seite (wie die OH-Gruppen in der Threose), so wird es „threo-Form" genannt.

Eliel, S. 27f.

E/Z-System

Eingeführt vom Chemical Abstracts Service, 1968 (Blackwood et al.).

In der Bestimmung der für die cis-trans-Nomenklatur maßgebenden Liganden gab es bis vor kurzem keine Einigkeit, insbesondere an endständigen Doppelbindungen oder Cycloalkylidenverbindungen. Z. B. wurden die isomeren Methylpentene von *Rossini* und *Eliel* genau entgegengesetzt bezeichnet, je nachdem, ob die Methylgruppen oder die C-Atome, die die Hauptkette bilden, für die Nomenklatur in Betracht gezogen wurden.

$$\begin{array}{cc} CH_3-CH_2 \diagdown \diagup H \\ C=C \\ CH_3 \diagup \diagdown CH_3 \end{array} \qquad \begin{array}{cc} CH_3-CH_2 \diagdown \diagup CH_3 \\ C=C \\ CH_3 \diagup \diagdown H \end{array}$$

trans ———— Rossini ———— cis
cis ———— Eliel ———— trans
E   Z

Diesen Schwierigkeiten ging man aus dem Wege, indem man die für die Bezeichnung eines Olefins maßgebenden Liganden nach der *Sequenzregel* von *Cahn, Ingold, Prelog* auswählte. Stehen die bevorzugten Liganden auf derselben Seite der Doppelbindung, ist die Konfiguration seqcis, stehen sie auf entgegengesetzter Seite, seqtrans.

Da seqcis und seqtrans umständlich zu handhaben sind, führte man die neuen Symbole E und Z ein, die sich von den Worten „Entgegen" und „Zusammen" ableiten und gleichbedeutend mit den alten Symbolen seqtrans und seqcis sind. Mit den handlichen Symbolen E und Z ist es nunmehr möglich, Olefine kurz und zweifelsfrei als E- oder Z-Isomere zu bezeichnen.

Z-Dibromjod-chloräthen

E−1,1'-Biindenylen

J. E. Blackwood, C. L. Gladys, K. L. Loening, A. E. Petrarca, J. E. Rush: J. Amer. Chem. Soc. *90*, 509 (1968); J. E. Blackwood, C. L. Gladys, A. E. Petrarca, W. H. Powell, J. E. Rush: J. chem. Soc. *8*, 30 (1968).
R. S. Cahn, C. K. Ingold, V. Prelog: Angew. Chem. *78*, 413 (1966).

Fischer-Projektion

Zweidimensionale Molekülprojektion nach Vorschlag von E. Fischer, 1891. Methode im Prinzip heute noch gültig.

Zur Herstellung einer Fischer-Projektion denkt man sich das *Tetraeder-Modell* des betreffenden Moleküls R—Cab—R' so orientiert, daß das asymmetrische C-Atom in der Projektionsebene (PE) liegt und zwei sich nicht schneidende Kanten des Tetraeders zur PE parallel sind. Die über der PE liegende Kante nimmt horizontale Richtung, die unter ihr liegende Kante vertikale Richtung ein. Diese beiden Kanten werden dann in Gestalt eines Kreuzes projiziert, das mit den Projektionen der von dem asymmetrischen C-Atom ausgehenden Valenzen zusammenfällt.

Kopf der Fischer-Projektion ist das C-Atom Nr. 1 der Hauptkette, welches dem C-Atom mit der höchsten Oxydationszahl (hier „R") entspricht. Zur Herstellung der Fischer-Projektion eines Moleküls mit 2 vicinalen Chiralitätszentren (R—Cab—Ccd—R') orientiert man das Modell so, daß die asymmetrischen C-Atome in der PE liegen und ihre nicht zur C-Kette gehörenden Substituenten (a,b,c,d) nach vorn aus der PE herausragen (die beiden anderen, R und R', liegen dann notwendigerweise hinter der PE). Nun fällt man die Lote auf die PE und erhält die Fischer-Projektion.

$$\begin{array}{c} R \\ | \\ a \blacktriangleright C \blacktriangleleft b \\ | \\ c \blacktriangleright C \blacktriangleleft d \\ | \\ R' \end{array} \equiv \begin{array}{c} R \\ | \\ a - C - b \\ | \\ c - C - d \\ | \\ R' \end{array}$$

Es ist nicht erlaubt, eine Fischer-Projektion auf den Rücken zu legen (das entspräche der Vertauschung zweier Substituenten) oder um 90° zu drehen (Vierteldrehung entspricht Drehspiegelung). Jede Vertauschung zweier Substituenten am Achsenkreuz ergibt ein Enantiomeres, ein zweifacher Austausch (Regel des doppelten Austauschs) hintereinander ergibt identische Verbindung („Spiegelbild des Spiegelbilds"). Gestattet ist dagegen eine Drehung um 180°. Konformationsunterschiede läßt eine Fischer-Projektion außer acht.

E. Fischer: Ber. dtsch. chem. Ges. *24,* 2683 (1891).
Eliel, S. 20ff.
Freudenberg, S. 30.

Fluktuierende Struktur

Verbindungen mit fluktuierender Struktur sind solche, bei denen intramolekulare Strukturumwandlungen durch Bindungsverschiebung (schnelle und reversible *Valenzisomerisierungen,* z. B. fluktuierende Cyclopropyl- und/oder Doppelbindungen) erfolgen. Dabei soll die mittlere Lebensdauer der Valenzisomeren bei 0°C höchstens in der Größenordnung von 100 Sekunden liegen und die Aktivierungsenergie der Valenzisomerisierung 20 kcal/Mol betragen.

Das wohl bekannteste Beispiel eines Moleküls mit fluktuierender Struktur ist das durch Photolyse von dimerem Cyclooctatetraen dargestellte Bullvalen (Tricyclo-[3.3.2.0^{4,6}]-decatrien-(2.7.9)). In diesem Molekül tauschen aufgrund schneller und reversibler Valenzisomerisierung alle zehn C-Atome unablässig ihre Plätze und Nachbarn aus. Bei genügend schneller Valenzisomerisierung sind alle zehn Protonen gleichwertig, so daß im NMR-Spektrum (100 °C) nur ein scharfes Protonenresonanzsignal ($\tau = 5{,}78$) erscheint. Es gibt 10!/3 = $1.2 \cdot 10^6$ strukturgleiche Valenzisomere des Bullvalens.

Nach einem neuen Nomenklaturvorschlag für intramolekulare Austauschprozesse (Eliel und Mitarb.) ist eine derartige, durch schnelle und reversible Valenzisomerisierung bedingte gegenseitige Umwandlung als Valenz- oder Konstitutionstopomerisierung zu bezeichnen.

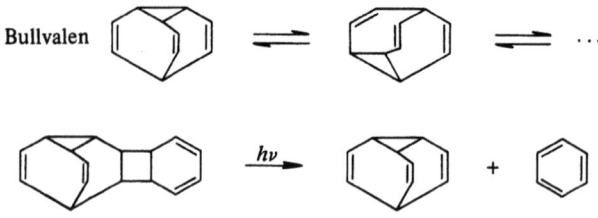

W. v. E. Doering, W. R. Roth: Angew. Chem. 75, 27 (1963).
W. v. E. Doering, W. R. Roth: Tetrahedron *19*, 715 (1963).
G. Schröder: Cyclooctatetraen, S. 63. Weinheim: Verlag Chemie 1965.
G. Schröder, J. F. M. Oth, R. Merenyi: Angew. Chem. 77, 774 (1965).
G. Schröder, J. F. M. Oth: Angew. Chem. 79, 458 (1967).
G. Binsch, E. L. Eliel, H. Kessler: Angew. Chem. 83, 618 (1971).
Übersicht: *G. Maier:* Valenzisomerisierungen. Weinheim: Verlag Chemie 1972.

Geometrische Enantiomerie

Vorhergesagt von Shriner, Adams und Marvel, 1943. Experimentell bestätigt von Lyle und Lyle, 1957.

Ein Olefin, das an einem Ende der Doppelbindung durch zwei verschiedene achirale (b,c) und am anderen Ende durch zwei chirale, enantiomorphe Liganden (F, Ⅎ) substituiert ist, zeigt geometrische Enantiomerie („geometrical enantiomorphic isomerism"). Es besitzt keine *Symmetrieelemente* 2. Art. Auch wenn die beiden chiralen Liganden gleiche Konfiguration annehmen (F, F), bleibt das Molekül chiral. Insgesamt sind also zwei Enantiomerenpaare möglich (nur das erste ist „geometrisch enantiomer"):

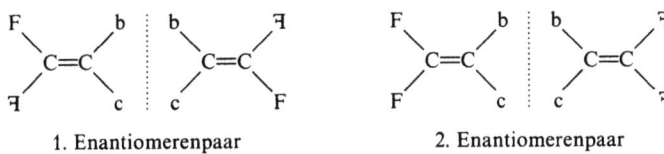

1. Enantiomerenpaar 2. Enantiomerenpaar

Am Beispiel des N-Methyl-diphenyl-piperidon-oxims ist geometrische Enantiomerie experimentell nachgewiesen worden:

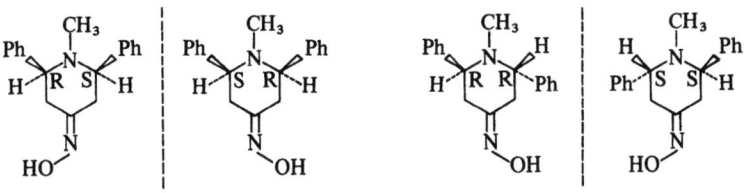

R. L. Shriner, R. Adams, C. S. Marvel, in: *H. Gilman:* Organic chemistry, vol. I, S. 150. New York: John Wiley & Sons 1938.
R. E. Lyle, G. G. Lyle: J. Org. Chem. **22**, 856 (1957); **24**, 1679 (1959).
G. G. Lyle, E. T. Pelosi: J. Amer. chem. Soc. **88**, 5276 (1966).
Übersicht: *R. Bentley:* Molecular asymmetry in biology, vol. 1, S. 24f. New York-London: Academic Press 1969.

α-Helix

Postuliert von Pauling und Corey, 1951. Rechtsschraube bewiesen von Moffitt, 1956, Kendrew, 1960.

Die α-Helix ist die energetisch stabilste, helicale Sekundärstruktur von Poly-L-Aminosäuren (vgl. *Proteinstrukturen*). Die Hauptkette

...—C—C—N—C—C—N—...

beschreibt eine aufwärts im Uhrzeigersinn drehende Schraube (P-Helix, vgl. *Helizität*), die jeweils nach 3,6 Aminosäureeinheiten eine vollständige Windung vollführt. Auf fünf „Gänge" der Schraube kommen also 18 Aminosäuren. Die „Ganghöhe" beträgt 5,4 Å.

Der Carboxylrest einer jeden Aminosäure bildet mit der NH-Gruppe in der Helixschleife darunter eine Wasserstoffbrücke aus, die die Sekundärstruktur maßgeblich stabilisiert. Die Bindungsrichtung ist angenähert parallel zur Helixachse. Die Seitenketten R stehen radial ab (vgl. Abbildung, nur die Hauptkette der Helix ist dargestellt).

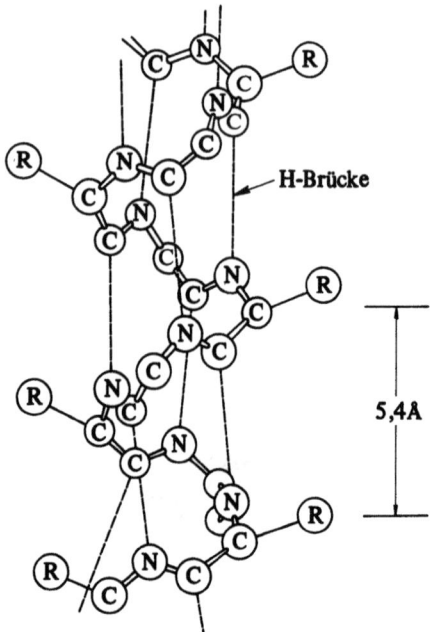

Rechts- und linksgängige Helices aus L-Aminosäuren der gleichen Sequenz sind *Diastereomere.* Aus energetischen Gründen bevorzugen Polypeptide die rechtsgängige (ein Polypeptid aus D-Aminosäuren würde entsprechend eine linksgängige Helix bevorzugen). Die Konfiguration der Aminosäuren führt also zu einem bevorzugten Schraubensinn der Helix.

L. Pauling, R. B. Corey, H. R. Branson: Proc. Nat. Acad. Sci. U. S. *37*, 205 (1951); ibid.: *37*, 235 (1951).
W. Moffitt: Proc. Nat. Acad. Sci. U. S. *42*, 736 (1956); *W. Moffitt, D. D. Fitts, J. G. Kirkwood,* ibid.: *43*, 723 (1957).
J. C. Kendrew et al.: Nature *185*, 422 (1960).
M. R. Mahler, E. H. Cordes: Biological chemistry. New York: Harper Internat. Ed. 1966.
A. L. Lehninger: Biochemistry. New York: Worth Publ. 1970.
Mislow, S. 99f.
L. Pauling: Die Natur der chemischen Bindung. Weinheim: Verlag Chemie 1960.

Helizität

Prelog, 1966.

Die Orientierung mancher Moleküle im Raum läßt sich am besten durch Vergleich mit einer Helix definieren. Eine Helix ist durch ihren Schraubensinn charakterisiert. Rechts- und linksgängige Helices desselben Makromoleküls sind Enantiomere (sofern die Einzelbausteine achiral sind). Die Helizität ist daher ein Sonderfall der *Chiralität.*

Helizität zeigen vor allem sekundäre Protein- und Polynukleotidstrukturen (vgl. α-Helix, Doppelhelix und Proteinstrukturen), aber auch Phenanthren-Derivate und Helicene, in denen die aromatischen Systeme wegen der raumfüllenden Nachbargruppen helixartig deformiert sind.

Entsprechend der Chiralitätsregel (vgl. *RS-System*) verwendet man zur Definition des Schraubensinns eine „Helizitätsregel". Eine rechtsgängige Helix (Blickrichtung entlang der Achse vom Beobachter weg) erhält den Deskriptor P (plus), eine linksgängige Helix den Deskriptor M (minus).

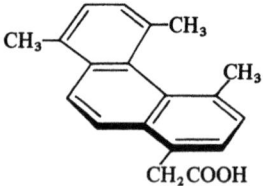

P-Phenanthren-Derivat
Newman, 1947

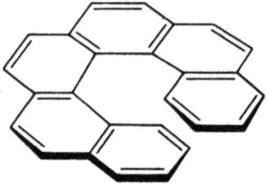
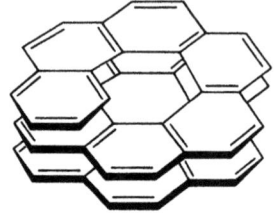

M-[6]-Helicen   P-[13]-Helicen
Newman, 1956   *Martin*, 1968

R. S. *Cahn*, C. K. *Ingold*, V. *Prelog:* Angew. Chem. **78**, 413 (1966).
M. S. *Newman*, A. S. *Hussey:* J. Amer. chem. Soc. **69**, 3023 (1947).
M. S. *Newman*, D. *Lednicer:* J. Amer. chem. Soc. **78**, 4765 (1956).
R. H. *Martin*, M. *Flammang-Barbieux*, J. P. *Cosyn*, M. *Gelbcke:* Tetrahedron Letters *1968*, 3507; R. H. *Martin*, G. *Morren*, J. J. *Schurter:* Tetrahedron Letters *1969*, 3683.

Heterotopie

Definitionen nach Mislow und Raban, 1969, sowie Hirschmann und Hanson, 1969, 1972.

Unter heterotopen Liganden versteht man Atome oder Gruppen von Atomen, die konstitutionell gleich, also losgelöst aus dem Molekülverband identisch sind, aber topographisch unterschieden werden können.

Sie besitzen innerhalb des Moleküls eine unterschiedliche chemische Umgebung. (Konstitutionell gleiche Liganden, die nicht unterschieden werden können, sind *homotop*.)

Je nach den Symmetrieverhältnissen der Umgebung können „tope" Liganden nach folgendem Schema klassifiziert werden:

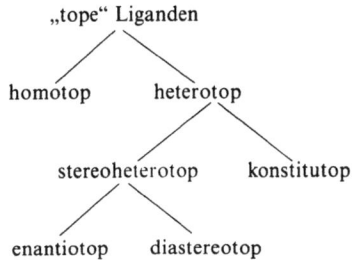

Zur Bestimmung der Topie eines Liganden gibt es hauptsächlich zwei Wege, den Substitutionstest und den Symmetrietest. Nach dem Substitutionstest tauscht man wechselseitig einen der topen Liganden gegen einen dritten, noch nicht im Molekül vorhandenen aus. Die so erhaltenen Isomeren geben einen direkten Hinweis auf die Topie-Klasse. Erhält man

zwei identische Moleküle,	sind die Liganden homotop
zwei Isomere,	sind die Liganden heterotop
zwei Konstitutionsisomere,	sind die Liganden konstitutop („konstitutionell heterotop")
zwei Stereoisomere,	sind die Liganden stereoheterotop
zwei Enantiomere,	sind die Liganden enantiotop
zwei Diastereomere,	sind die Liganden diastereotop.

Der 2. Weg (Symmetrietest) stellt fest, ob und durch welche Symmetrieoperationen sich zwei tope Liganden ineinander überführen lassen (vgl. *Homotopie, Enantiotopie, Diastereotopie*).

Hauptzweck dieser Klassifizierung ist, bei der Betrachtung eines Moleküls entscheiden zu können, unter welchen Bedingungen „tope" Liganden Unterschiede gegen chemische oder physikalische Einflüsse zeigen. Homotope Liganden können unter keinen Umständen unterschieden werden. Enantiotope Liganden können nur unter chiralen Bedingungen (chirales Reagenz, chirales Lösungsmittel, zirkular *polarisiertes Licht*), diastereotope und konstitutope Liganden unter allen chemischen oder physikalischen Bedingungen unterschieden werden. Die Klassifizierung kann nicht nur auf Liganden angewandt werden, sondern auch auf die zwei Seiten trigonaler Atomanordnungen oder einfacher und konjugierter Doppelbindungen (vgl. Prochiralität, Re/Si-System, Pseudoasymmetrie).

K. Mislow, M. Raban: Topics Stereochem. *1*, 1 (1967).
H. Hirschmann, K. R. Hanson, K. Mislow: vgl. Fußnote in D. Arigoni, E. L. Eliel: Topics Stereochem. *4*, 136 (1969).
H. Hirschmann, K. R. Hanson: Eur. J. Biochem. *22*, 301 (1971).
E. L. Eliel: J. chem. Educ. *48*, 163 (1971).
H. Hirschmann, K. R. Hanson: J. Org. Chem. *36*, 3293 (1971).

Homotopie

Definitionen von Mislow und Raban, 1967 („äquivalent") sowie Eliel und Arigoni, 1969 („homotop").

Zwei Liganden gleicher Konstitution (zwei gleiche Atome oder zwei gleiche Atomgruppen) sind homotop, wenn sie sich durch Drehung um eine C_n-Achse ineinander überführen lassen. Sind zwei gleiche Liganden nicht homotop, sind sie heterotop.

Im Ammoniak NH_3 (C_3-Achse) nimmt nach Drehung um 120° ($n = 360/120$) H-1 die Stelle von H-2, H-2 die Stelle von H-3 und H-3 die Stelle von H-1 ein. Alle drei nicht unterscheidbaren Atome sind homotop. Ebenso die beiden H-Atome des 1.2-Dichloräthylens (die C_2-Achse geht senkrecht zur Papierebene durch die Doppelbindung):

Der Substitutionstest bietet eine andere Möglichkeit, zu entscheiden, welcher Topie zwei Liganden angehören. Ersetzt man beide nacheinander durch einen dritten und erhält zwei identische Produkte, sind die Liganden homotop. Sind sie zwei Isomere, sind die Liganden heterotop (vgl. Heterotopie).

Nicht nur Liganden können homotop sein, sondern auch die beiden Halbräume zu beiden Seiten eines trigonalen Atoms, z. B. Formaldehyd (simplifiziert durch ein gleichseitiges Dreieck, an den Ecken mit zwei gleichen und einem davon verschiedenen Liganden besetzt). Für ein attackierendes chirales oder achirales Reagenz sind beide Seiten vollkommen gleichwertig.

K. Mislow, M. Raban: Topics Stereochem. *1*, 1 (1967).
D. Arigoni, E. L. Eliel: Topics Stereochem. *4*, 127 (1969).
E. L. Eliel: J. chem. Educ. *48*, 167 (1971).

In-out-Isomerie

Simmons und Park, 1968–72.

Enthält ein Bicyclus eine genügend große Ringgliederzahl, können die Brückenkopfprotonen (bei Stickstoff als Brückenkopf die freien Elektronenpaare bzw. die salzartig gebundenen Liganden) nicht nur außerhalb, sondern auch innerhalb des Ringsystems stehen. Die resultierenden *Stereoisomeren* sind von *Simmons* und *Park* „in-out"- (bzw. „in-in") Isomere genannt worden.

out - out   in - in   in - out

Bei kleinen Bicyclen (Ringgliederzahl ≤ 6) wird die Ringspannung zu groß (vgl. auch *Bredtsche Regel*). Sobald die Zahl der CH_2-Gruppen

≥ 7 (bei Stickstoff als Brückenkopfatom) oder ≥ 8 (Kohlenstoff als Brückenkopf) wird, kann in-out Isomerie auftreten. Durch Drehung um Einfachbindungen entsteht aus dem out-out- das in-in-Isomere, aus out-in- das in-out-Isomere. Die beiden in-out-Isomeren können nicht unterschieden werden, sofern die drei Brücken äquivalent sind.

Da die Isomeren durch Drehung um Einfachbindungen ineinander übergehen, können sie als Atropisomere bezeichnet werden (vgl. *Atropisomerie*).

Mislow, S. 95.
H. E. Simmons, C. H. Park: J. Amer. chem. Soc. *90*, 2428, 2429, 2431 (1968).
H. E. Simmons, C. H. Park: J. Amer. chem. Soc. *94*, 7184 (1972).
P. G. Gassmann, R. P. Thummel: J. Amer. chem. Soc. *94*, 7183 (1972).

Isomerie

Als Isomere bezeichnet man Moleküle mit gleicher Summenformel, deren Atome sich in der Sequenz oder in der räumlichen Anordnung unterscheiden.

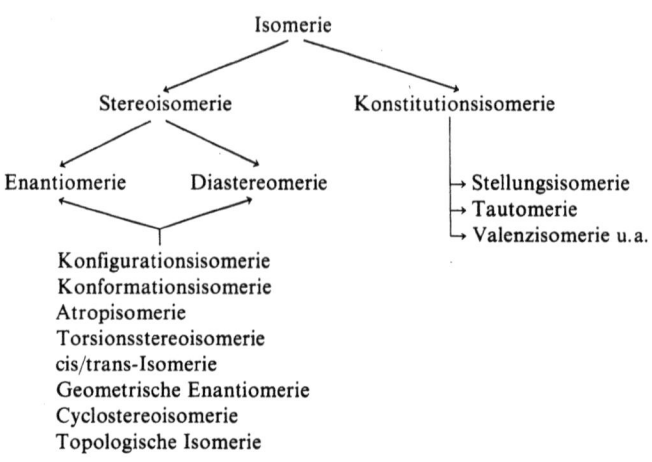

Entsprechend teilt man Isomere in zwei große Gruppen ein, *Konstitutionsisomere* (verschiedene Sequenz der Atome) und *Stereoisomere* (verschiedene räumliche Anordnung der Atome bei gleicher Sequenz). Zwei Isomere sind immer entweder *Konstitutionsisomere* oder *Stereoisomere*, sie sind niemals beides zugleich und niemals keines von beiden.

Konstitutionsisomere können stellungsisomer, tautomer, valenzisomer u. a. sein. *Stereoisomere* dagegen sind entweder enantiomer oder diastereomer.

Andere „Stereoisomerien" (z. B. *Konfigurationsisomerie, Konformationsisomerie, Atropisomerie*) sind nicht so scharf definiert, überschneiden sich teilweise und können sowohl *Enantiomerie* als auch *Diastereomerie* zeigen.

G. W. Wheland: Advanced organic chemistry, 3. Aufl. New York: John Wiley & Sons 1960.

Isorotation

Hudsonsche Regeln der Isorotation

Aufgestellt von Hudson, 1909.

Die Hudsonschen Regeln der Isorotation stellen einen Spezialfall des Prinzips der *optischen Superposition* dar, angewandt auf das Anomeriezentrum von Aldosen.

1. Die Differenz der molaren Drehwerte der α- und β-Formen von Aldosen und ihren Derivaten besitzt eine nahezu konstante Größe.
2. Die Summe der molaren Drehwerte von α- und β-Form von Aldosen, die sich nur in ihrer Substitution am Anomeriezentrum C-1 unterscheiden, sind nahezu konstant.

Das molare Gesamtdrehvermögen von Aldosen entspricht der Summe des Drehungsbeitrags des Anomeriezentrums C-1 ($+A$ bzw. $-A$) und des Beitrags, der vom Restmolekül C-2 bis C-6 (B) geleistet wird. Nach der ersten Hudsonschen Isorotationsregel gilt:

$$M_\alpha - M_\beta = (A + B) - (-A + B) = 2A = \text{const.}$$

```
H—C—OCH₃  ⎤           H—C—OCH₃  ⎤           H—C—OCH₃  ⎤
H—C—OH    |           H—C—OH    |           HO—C—H    |
HO—C—H    | +A        HO—C—H    | +A        HO—C—H    |
H—C—OH    | +B        HO—C—H    | +B        H—C—OH    |
H—C———O   |           H—C———O   |           H—C———O   |
CH₂OH                 CH₂OH                 CH₂OH
α-Methylglucosid     α-Methylgalaktosid    α-Methylmannosid
```

```
CH₃O—C—H  ⎤           CH₃O—C—H  ⎤           CH₃O—C—H  ⎤
H—C—OH    |           H—C—OH    |           HO—C—H    |
⋮      ⋮              ⋮      ⋮              ⋮      ⋮
β-Methylglucosid     β-Methylgalaktosid    β-Methylmannosid
```

$M_\alpha + 308°$	$M_\alpha + 374°$	$M_\alpha + 153°$
$M_\beta - 68°$	$M_\beta - 1°$	$M_\beta - 132°$
$M_\alpha - M_\beta = +374°$	$M_\alpha - M_\beta = +375°$	$M_\alpha - M_\beta = +285°$

Die numerischen Werte der Differenzen der α- und β-Formen des Methyl-Glucosids und -Galaktosids stimmen gut überein (374° bzw. 375°), während diese Differenz beim Methylmannosid (285°) aufgrund der Konfigurationsumstellung am C-2 und der hierdurch geänderten Vicinalwirkung erheblich absinkt (Ungültigkeit des optischen Superpositionsprinzips). Die sterische Änderung in größerer Entfernung vom Anomeriezentrum, z. B. die Konfigurationsumstellung an C-4 in Glucose und Galaktose, beeinflußt die optische Drehung von C-1 nicht (Entfernungssatz der optischen Superposition).

Nach der 2. Isorotationsregel gilt:

$$M_\alpha + M_\beta = (A + B) + (-A + B) = 2B = \text{const.}$$

z. B. $2 B_{\text{Glucose}} (236°) = 2 B_{\text{Methylglucosid}} (242°)$
$2 B_{\text{Galactose}} (346°) = 2 B_{\text{Methylgalactosid}} (373°)$
$2 B_{\text{Mannose}} (22°) = 2 B_{\text{Methylmannosid}} (21°)$

C. S. Hudson: J. Amer. chem. Soc. *31*, 66 (1909); *32*, 338 (1910).
K. Freudenberg: Mh. Chem. *85*, 537 (1954).
Freudenberg, S. 317, 394, 423, 705.

Eliel, S. 133f.
G. Kortüm: Neuere Forschungen über die opt. Aktivität chem. Moleküle, S. 42. Stuttgart: Enke 1932.
F. Micheel: Chemie der Zucker und Polysaccharide, S. 222. Leipzig 1956.

Konfiguration, Konfigurationsisomere

Zur Konfigurationsnomenklatur vgl. D,L-*System*, RS-*System. Erste Bestimmung einer „absoluten Konfiguration" durch Bijvoet, Peerdeman und van Bommel, 1951.*

Unter der Konfiguration eines Moleküls definierter *Konstitution* (definierter Sequenz der Atome) versteht man die räumliche Anordnung der Atome um seinen chiralen oder starren Teil. Der chirale Teil eines Moleküls ist im einfachsten Fall ein Chiralitätszentrum, der starre Teil eine Doppelbindung oder ein (als starr angesehener) Ring.

Enantiomere und *Diastereomere* sind im allgemeinen Konfigurationsisomere. Bei *Atropisomeren* und cis/trans-Isomeren ergeben sich teilweise Überschneidungen mit der Konformationsisomerie. Die Grenzen zwischen den Definitionen für Konfiguration und Konformation sind hier fließend (vgl. IUPAC-Regeln).

Konfigurationen werden durch eine geeignete *Stereoformel* beschrieben. Die *Fischer-Projektionen* von (+)- und (−)-Glycerinaldehyd geben die entgegengesetzten Konfigurationen der Moleküle vollständig wieder:

```
       CHO                    CHO
        |                      |
    H—C—OH                 HO—C—H
        |                      |
       CH₂OH                  CH₂OH
  D-(+)-Glycerinaldehyd   L-(−)-Glycerinaldehyd
```

Die Bezeichnung „absolute Konfiguration" wird verwendet, wenn die tatsächliche Stellung der Liganden um den chiralen Teil eines Moleküls bekannt ist, d. h. wenn man weiß, daß die OH-Gruppe in der Fischer-Projektion des (+)-Glycerinaldehyds tatsächlich auf der rechten Seite steht (vgl. D,L-*System*). Die erste Bestimmung der absoluten Konfiguration einer Substanz, die mit dem Glycerinaldehyd in chemischer Beziehung stand, gelang 1951 (*Bijvoet et al.*, NaRb-tartrat).

IUPAC Tentative rules for the nomenclature of organic chemistry, Section E. Fundamental stereochemistry. J. Org. Chem. *35*, 2849 (1970).
J. M. Bijvoet, A. F. Peerdeman, A. J. van Bommel: Nature (London) *168*, 271 (1951).
Eliel, S. 105 ff. Dort weitere Literatur.

Konformation, Konformationsisomere

Der Ausdruck „Konformation" stammt von Haworth, 1929. In der deutschsprachigen Literatur wird gelegentlich der Begriff „Konstellation" benutzt, der von F. Ebel geprägt wurde.

Als Konformationen bezeichnet man alle räumlichen Anordnungen von Atomen (oder Atomgruppen) eines Moleküls definierter *Konfiguration*, die durch Drehung um eine Einfachbindung erzeugt werden und nicht zur Deckung gebracht werden können. Theoretisch sind bei einem Molekül gegebener Konfiguration unendlich viele Konformationsisomere (≙ Konformere, Rotationsisomere, Rotamere) möglich.

Diese klassische Definition wird heute auch auf Isomere ausgedehnt, die durch Drehung um partielle Doppelbindungen (Helicene, Metallocene, Amide, Thioamide u. a.) und Doppelbindungen (*cis/trans-Isomere*) entstehen. Alle diese Isomeren können nach *Mislow* unter dem Namen „Torsionsstereoisomere" zusammengefaßt werden. Durch diese Definition ergeben sich Überschneidungen mit der Definition der Konfiguration.

Bereits in einfachen Kohlenwasserstoffen ist die innere Rotation um die C—C-Bindung gehemmt, da zur Überwindung der anticlinalen und synperiplanaren Konformation ein bestimmter Energiebetrag aufgewendet werden muß. Diese Energiebarriere wurde für Äthan zu ca. 3 kcal/Mol ermittelt. Isolierbar werden Konformere, wenn die Barriere bei Raumtemperatur bei 16–20 kcal/Mol liegt (vgl. *Atropisomerie*).

F. Ebel, in: *K. Freudenberg:* Stereochemie, S. 825. Leipzig-Wien: Franz Deuticke 1933.
N. Haworth: The constitution of sugars, S. 90. London: E. Arnold 1929.
M. Hanack: Conformation theory. New York und London: Academic Press 1965.
IUPAC Tentative rules for the nomenclature of organic chemistry, Section E: Fundamental stereochemistry. J. Org. Chem. *35*, 2849 (1970).
Eliel, S. 147 ff.
Mislow, S. 66 f.

Konformationsanalyse

Begründet von Sachse, 1890, und Mohr, 1918. Grundlegende Arbeiten vor allem von Barton (seit 1950).

Unter Konformationsanalyse versteht man die Untersuchung von bevorzugten Konformationen eines Moleküls. Mit diesen stehen bestimmte chemische und physikalische Eigenschaften der Verbindung in gesetzmäßigem Zusammenhang (vgl. Konformationsregel). Die bevorzugte Konformation ist gewöhnlich diejenige mit dem kleinsten Energieinhalt.

Als Untersuchungsmethoden zur Feststellung einer bestimmten Konformation eignen sich eine Reihe von chemischen und physikalischen Methoden. Dazu gehören vor allem Gleichgewichts- und kinetische Messungen sowie UV-, NMR-, IR- und Raman-Spektren, Röntgenstrukturanalyse, Dipolmessungen u. a.

H. Sachse: Ber. dtsch. chem. Ges. *23*, 1363 (1890).
E. Mohr: J. prakt. Chem. *98*, 315 (1918).

Übersichtsliteratur:

D. H. R. Barton: Some recent progress in conformational analysis, in: Theor. org. chem. (Kekule-Symposium), S. 127. London: Butterworth & Co 1959.
H. H. Lau: Angew. Chem. *73*, 423 (1961).

M. Hanack: Conformational theory. New York: Academic Press 1965; vgl. auch Z. analyt. Chem. *197,* 254 (1963).
E. L. Eliel, N. L. Allinger, S. J. Angyal, G. A. Morrison: Conformational analysis. New York: John Wiley & Sons 1965.
G. Chiurdoglu (Hrsg.): Conformational analysis: Scope and present limitations. New York-London: Academic Press 1971.
E. L. Eliel: Angew. Chem. *84,* 779 (1972).

Konformationsnomenklatur

Einführung einer systematischen Nomenklatur von Klyne und Prelog, 1960.

Bei Konformeren existiert für eine Reihe von Grenzlagen, die durch Energieextremwerte (Maxima oder Minima) ausgezeichnet sind, eine Anzahl von verschiedenen Namen und Bezeichnungen, die in der Tabelle auf S. 55 zusammengefaßt sind.

Die von *Klyne* und *Prelog* vorgeschlagene Nomenklatur hat den Vorteil der Eindeutigkeit und wird heute im allgemeinen bevorzugt. Die Auswahl der Liganden erfolgt nach der Sequenzregel. Sind alle Liganden an einem der beiden C-Atome gleich, ist der kleinste der möglichen Winkel für die Konformationsbezeichnung maßgebend. Enthält das betrachtete Atom zwei gleiche (a,a) und einen davon verschiedenen (b), so wird ohne Berücksichtigung der Sequenzregel die Konformation nach der Stellung von b bezeichnet.

W. Klyne, V. Prelog: Experientia *16,* 521 (1960).
H. Lau: Angew. Chem. *73,* 423 (1961). Dort weitere Literatur.

Konformation						
Deutsche Namen	ekliptisch	windschief	teilweise verdeckt	gestaffelt	teilweise verdeckt	windschief
	planar-syn	schief-syn	schief-anti	auf Lücke anti trans Atom-Lücke	schief-anti	schief-syn
	Atom-Atom					
Englische Namen	fully eclipsed	gauche skew	partially eclipsed	fully staggered anti opposed	partially eclipsed	gauche skew
Klyne/Prelog (Abk.)	± synperi- planar ± sp	+ synclinal + sc	+ anticlinal + ac	± antiperi- planar ± ap	− anticlinal − ac	− synclinal − sc
Winkel	0°	60°	120°	180°	240°	300°
Symbole	φ^0	φ^1	φ^2	φ^3	φ^4	φ^5

Konformationsregel (Auwers-Skitasche Regel)

Erste Formulierung von v. Auwers, 1920, und Skita, 1923. Bis heute mehrfache Modifizierungen und Einschränkungen.

Die Konformationsregel gibt indirekt Beziehungen zwischen gewissen physikalischen Eigenschaften einer Verbindung und der Konformation der betreffenden Moleküle. Ihre modernste Fassung lautet: Bei alicyclischen Epimeren nahezu gleichen Dipolmoments hat das Isomere mit dem kleineren Molvolumen (also mit der höheren Dichte, dem höheren Brechungsquotienten und dem höheren Siedepunkt) auch die höhere Enthalpie (also die weniger stabile Konformation).

Die Regel kann z. B. auf die diastereomeren Dimethylcyclohexane angewendet werden (vgl. *Eliel*, S. 266). Man erkennt aus der Tabelle, daß die Diastereomeren mit den ungünstigeren ea- bzw. ae-Konformationen (der höheren Enthalpie) auch die höheren Siedepunkte, Brechungsindices und Dichten haben.

Bei Isomeren mit beträchtlich verschiedenen Dipolmomenten gilt die Regel nicht.

	Konformation	Kp. (°C)	n_D^{25}	d_4^{25}
cis-1,2	e,a	129,7	1,4336	0,7922
trans-1,2	e,e	123,4	1,4247	0,772
cis-1,3	e,e	120,1	1,4206	0,762
trans-1,3	e,a	124,5	1,4284	0,7806
cis-1,4	e,a	124,3	1,4273	0,7787
trans-1,4	e,e	119,4	1,4185	0,7584

Physikalische Eigenschaften der Dimethylcyclohexane (nach *Eliel*, S. 266)

K. v. Auwers: Liebigs Ann. Chem. *420*, 84 (1920).
A. Skita: Ber. dtsch. chem. Ges. *56*, 1014 (1923).
N. L. Allinger: Experientia *10*, 328 (1954); J. Amer. chem. Soc. *79*, 3443 (1957).
Eliel, S. 266 ff. Dort weitere Literatur.

Konstitution, Konstitutionsisomere

In der organischen Chemie wird neben „Konstitution" häufig noch der Begriff „Struktur" benutzt, der in den IUPAC-Regeln leider nicht eindeutig definiert ist. In der Biochemie und der Röntgenstrukturanalyse ist „Struktur" gleichbedeutend mit der dreidimensionalen Anordnung der Atome, also gleich Konstitution + Konfiguration + Konformation.

Die Konstitution einer Verbindung mit gegebener Summenformel wird durch die Art und die Aufeinanderfolge der Bindungen der einzelnen Atome festgelegt. Unterschiede in der räumlichen Anordnung werden bei Konstitutionsisomeren (Verbindungen gleicher Summenformel, aber verschiedener Konstitution) nicht berücksichtigt. Konstitutionsisomere sind vollkommen verschiedene Substanzen, die oft auch verschiedene funktionelle Gruppen haben.

Die Zahl der theoretisch möglichen Konstitutionsisomeren einer Verbindung bestimmter Summenformel ist ab einer gewissen Kettenlänge ungeheuer groß. $C_{20}H_{42}$ erlaubt bereits 366319 Isomere, $C_{40}H_{82}$ gar 62491178805831. Der höchste Kohlenwasserstoff, von dem alle Konstitutionsisomeren dargestellt wurden, ist C_9H_{20} mit 35 nichtäquivalenten Konstitutionen.

Eine Einteilung der verschiedenen Konstitutionsisomerien ist versucht, eine allgemein akzeptierte Regelung aber nicht gefunden worden. Es soll daher eine Aufzählung genügen:

„Funktionelle-Gruppen-Isomerie" CH_3-O-CH_3 C_2H_5OH
(„Metamerie")

Stellungsisomerie
Kettenisomerie

Tautomerie $CH_3-CO-CH_2-COOR \rightleftharpoons CH_3-C=CH-COOR$
(„Protonenisomerie")   OH

Valenzisomerie

E. L. *Eliel:* J. Chem. Educat. **48**, 163 (1971).
IUPAC Tentative rules for the nomenclature of organic chemistry, Section E. Fundamental stereochemistry. J. Org. Chem. **35**, 2849 (1970).
G. W. *Wheland,* in: Advanced organic chemistry. New York: John Wiley & Sons 1960.

Lacton-Regel

Von Hudson 1910 und Freudenberg 1933.

Nach der ursprünglichen Formulierung der Hudsonschen Lacton-Regel kann aus der Richtung des optischen Drehwerts von Lactonen direkt die Konfiguration des asymmetrischen C-Atoms bestimmt werden, dessen Hydroxylgruppe an der Lactonbildung beteiligt ist. Derartige Lactone drehen nach rechts, wenn der Lactonring-Sauerstoff in der Fischerschen Projektionsformel rechts der Kohlenstoffkette und nach links, wenn er auf der linken Seite steht. Die Hudsonsche Lacton-Regel kann mit Erfolg bei der Bestimmung der Konfiguration des asymmetrischen Kohlenstoffatoms C-4 von Aldonsäuren angewandt werden. So dreht beispielsweise das γ-Lacton der D-Galaktonsäure nach links ($-137°$), (der Lactonring-Sauerstoff steht links), das γ-Lacton der D-Gluconsäure nach rechts ($+121°$) (der Ringsauerstoff steht rechts).

Eine Ausnahme bildet beispielsweise das D-Allolacton, dessen an der Lactonringbildung beteiligte Hydroxylgruppe rechts der Kohlenstoffkette steht, im Gegensatz zur Lacton-Regel eine Drehung nach links zeigt.

COOH H—C—OH HO—C—H HO—C—H H—C—OH CH$_2$OH $-24°$ D-Galaktonsäure	C=O H—C—OH HO—C—H O——C—H H—C—OH CH$_2$OH $-137°$ γ-Lacton	COOH H—C—OH HO—C—H H—C—OH H—C—OH CH$_2$OH $-13°$ D-Gluconsäure
O=C— H—C—OH HO—C—H H—C——O H—C—OH CH$_2$OH $+121°$ γ-Lacton	O=C— H—C—OH H—C—OH H—C——O H—C—OH CH$_2$OH $-12°$ D-Allolacton	C=O H—C—OH H—C—OH O——C—H H—C—OH CH$_2$OH $-102°$ D-Gulolacton

Freudenberg hat deshalb die Lacton-Regel im Sinne des *optischen Verschiebungssatzes* korrigiert: ein γ-Lacton, dessen Lactonringsauerstoff rechts steht (D-Allolacton) dreht mehr in Richtung rechts als das entsprechende mit umgekehrter Konfiguration an C-4 (D-Gulolacton).

C. S. Hudson: J. Amer. chem. Soc. *32*, 338 (1910); *33*, 405 (1911).
K. Freudenberg: Ber. dtsch. chem. Ges. *66*, 177 (1933); Monatsh. Chem. *85*, 538 (1954).
Freudenberg, S. 707.

Mesomerie

Der Begriff „Mesomerie" wurde 1933 von Ingold eingeführt, in der englischen Literatur wird synonym „Resonanz" verwendet. Theoretische Behandlung durch quantenmechanische Näherungsverfahren (MO- und VB-Methode) von E. Hückel, 1931/32.

Der Begriff Mesomerie beschreibt die Erscheinung, daß in Molekülen mit delokalisierten π-Elektronen Elektronenverteilungen auftreten können, die die Beschreibung des Moleküls mit nur einer Valenzstrukturformel unmöglich machen. Ein mesomeres Molekül muß durch Kombination von mindestens zwei fiktiven Grenzstrukturen, die bestimmte Elektronengrenzverteilungen des Moleküls beschreiben, dargestellt werden.

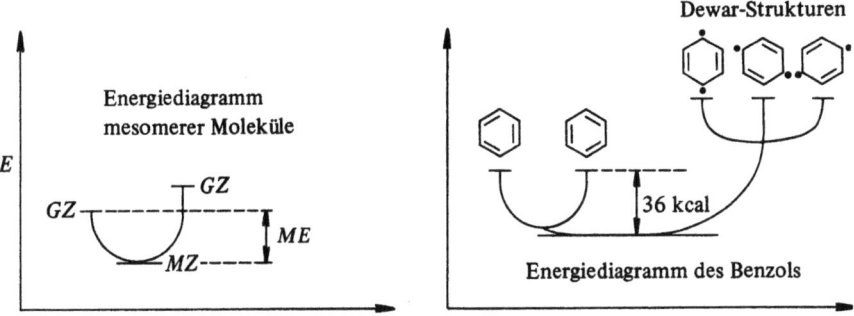

GZ: Grenzzustände der mesomeren Molekel
MZ: mesomerer Zwischenzustand
ME: Mesomerieenergie

Der wahre Zustand des Moleküls liegt zwischen den Grenzstrukturen, er ist als „mesomerer Zwischenzustand" anzusehen und wird als „Mesomerie- bzw. Resonanzhybrid" bezeichnet. Der Energiezustand eines mesomeren Zwischenzustandes ist stets geringer als der der Grenzstrukturen, eine mesomere Molekel ist „mesomeriestabilisiert". Die Mesomerieenergie ist als Differenz der Energieinhalte der energieärmsten Grenzstruktur und des Mesomeriehybrids definiert. Sie ist umso kleiner, je besser der wahre Zustand eines mesomeren Moleküls durch eine Grenzstruktur beschrieben wird. Als Mesomeriesymbol wird der Doppelpfeil verwendet (⟵⟶, Eistert, 1936).

Die Voraussetzungen für das Auftreten von Mesomerie an π-Elektronensystemen werden durch Mesomerieregeln beschrieben:

1. Für Moleküle mit delokalisierten π-Elektronen müssen sich mindestens zwei Grenzstrukturformeln aufschreiben lassen. Dabei muß die Lage der Atomkerne, das σ-Bindungsgerüst, unverändert erhalten bleiben.

◯ ⟵⟶ ◯ ≡ ◯ , $CH_2-\overset{\oplus}{N}\equiv N|$ ⟵⟶ $CH_2=\overset{\oplus}{N}=\overset{\ominus}{N}|$ Mesomerie

$CH_3-CH=O$ ⇌ $CH_2=CH-OH$ *keine* Mesomerie

2. Der mesomere Bereich eines Moleküls muß eben gebaut sein, weil nur so maximale π-Elektronenwechselwirkung möglich ist.
3. Nur Grenzstrukturen mit gleicher Anzahl ungepaarter Elektronen tragen zum Mesomeriehybrid bei.

$HO-CH_2-CH=CH-$◯$-\overset{OCH_3}{\underset{\overline{O}\cdot}{}}$ ⟵⟶ $HO-CH_2-\overset{\cdot}{C}H-CH=$◯$\overset{OCH_3}{=}O$ Mesomerie

$(C_6H_5)_2C=$◯◯$=C(C_6H_5)_2$ ⇌ $(C_6H_5)_2\overset{\cdot}{C}-$◯◯$-\overset{\cdot}{C}(C_6H_5)_2$ *keine* Mesomerie

4. Nur Grenzstrukturen ähnlicher Energieinhalte tragen in nennenswertem Maße zum Mesomeriehybrid bei (siehe Energiediagramme).

E. *Hückel*: Z. Physik *70*, 204 (1931); *76*, 628 (1932).
C. K. *Ingold*: J. chem. Soc. (London) 1933, 1120.
B. *Eistert*: Angew. Chem. *49*, 33 (1936).

Zusammenfassende Literatur:
G. W. Wheland: Resonance in organic chemistry. New York: John Wiley & Sons 1955.
G. W. Wheland: Advanced organic chemistry, 3. Aufl. New York: John Wiley & Sons 1960.
L. Pauling: Die Natur der chemischen Bindung. Weinheim: Verlag Chemie 1968.
H. A. Staab: Einführung in die theoretische organische Chemie. Weinheim: Verlag Chemie 1964.

Methode der Molrotationsunterschiede

Von Callow, Wallis, Barton und Klyne, 1936–1945.

Die Methode der Molrotationsunterschiede wendet das Prinzip der optischen Superposition zur Festlegung der relativen Konfiguration von Chiralitätszentren in Steroiden und anderen polycyclischen Verbindungen (z. B. Triterpenen) an. Sie kann zur Strukturaufklärung dieser Verbindungsklassen herangezogen werden. Ihre Anwendung wird durch den Entfernungssatz der *optischen Superposition* eingeschränkt.

In Analogie zur Hudsonschen *Isorotation* ist die molare Gesamtdrehung M eines Steroids mit mehreren Chiralitätszentren die Summe aus dem optischen Drehungsbeitrag A, den ein Chiralitätszentrum unbekannter Konfiguration liefert, und dem Beitrag des Restmoleküls B.

$$M - B = A \quad \text{bzw.} \quad -A$$

Ist B bekannt, kann aus dem Molrotationsunterschied (M−B) Beitrag A bzw. −A berechnet werden und aus dem Drehungsbeitrag durch Vergleich mit anderen Steroiden bekannter Konfiguration die relative Konfiguration des Chiralitätszentrums bestimmt werden.

Beispiel: Bestimmung der relativen Konfiguration an C-6 der Liebermannschen Verbindung „A 31". Der molare Drehungsbeitrag von „A 31" ist $+351°$, der des Restmoleküls B ist $+309°$. Die Differenz ist $+42°$.

A31 [Φ] = 351° B [Φ] = 309°

Da in Allopregnanen, wie an vielen Beispielen gezeigt, einer 6-α-OH-Gruppe der Drehungsbeitrag +55°, einer 6-β-OH-Gruppe aber der Wert −50° zukommt, muß die C-6-OH-Gruppe im A31 α-ständig sein.

R. K. Callow, F. G. Young: Proc. Roy. Soc. (London) Ser. A *1936*, 157, 194.
S. Bernstein, W. J. Kauzmann, E. S. Wallis: J. Org. Chem. *6*, 319 (1941).
D. H. R. Barton, W. Klyne: Chem. Ind. (London) *1948*, 755.
W. Klyne, in: E. A. Braude, F. C. Nachod: Determination of organic structures by physical methods. New York: Academic Press 1955.
L. Fieser, M. Fieser: Steroide. Weinheim: Verlag Chemie 1961.
Eliel, S. 132f.

Molekelmodelle

Der Gebrauch von Molekelmodellen reicht zurück auf Pasteur (1848), Dewar (1867), leBel, van't Hoff (1874), Lord Kelvin (1889).

Molekelmodelle geben mehr oder weniger verfälscht den dreidimensionalen Aufbau von Molekülen wieder und vermitteln so räumliche Vorstellungen über die Lage der Atome oder das Bindungsgerüst. Sie dienen zur Veranschaulichung molekularer Symmetrieeigenschaften und stereochemischer Probleme.

Es gibt im wesentlichen drei Modelltypen: raumerfüllende Kalotten zur Veranschaulichung von sterischer Hinderung, Skelettmodelle zur Darstellung des Bindungsverlaufs und, als Kompromiß zwischen beiden, Kugel-Stab-Modelle.

Raumerfüllende Kalotten wurden zuerst von *Stuart* (1934) und *Briegleb* (1950) entwickelt. Weiterentwicklungen sind Catalin-, Courtauld-, Leybold-, Godfrey- und CPK-Modelle (Corey-Pauling-Koltun), die für die verschiedensten Zwecke verwendbar sind (Bezugsquellen vgl. Tabelle). Die natürlichen Bindungslängen sind gewahrt, die Bindungswinkel idealisiert, teilweise variierbar (Federn, Polyäthylenstäbchen). Die Farbe der Kalotten richtet sich nach allgemeinen Konventionen, C-Kalotten schwarz, H-Kalotten weiß, O-Kalotten rot, N-Kalotten blau usw.

Am universellsten verwendbar erscheinen die CPK-Kalotten, ursprünglich konzipiert für den Bau von Proteinen und DNS-Molekülen, aber auch vorzüglich geeignet für kleinere organische Moleküle.

	Modell	Material	Maßstab	Lieferfirma
Kalotten-modelle	Catalin	Kunstharz, massiv	$1\text{ Å} = 1$ cm	Catalin Ltd., Waltham Abbey, Essex, England
	Courtauld	Polystyrol, hohl	$1\text{ Å} = 2$ cm	Griffin & George Ltd., Ealing Road, Wembley, Middlesex, England
	Leybold	Holz	$1\text{ Å} = 1.5$ cm	E. Leybolds Nachfolger, 5 Köln-Bayental
	Godfrey	PVC, hohl	$1\text{ Å} = 1.65$ cm	Brownwill Scientific, Box 277, Rochester 1, New York, USA
	CPK	Plastik, hohl	$1\text{ Å} = 1.25$ cm	Ealing Scientific Ltd., 23, Leman St., London E1

Zur Ergänzung eines raumerfüllenden Modells werden häufig Skelettmodelle herangezogen. Sie zeigen nur das Bindungsgerüst eines Moleküls, Wirkungssphären der Atome werden nicht berücksichtigt. Das Skelett besteht aus Plastik- oder Metallstäben, die ineinander geschoben oder mit Hilfe von Metallstückchen miteinander verbunden werden. Die Länge der Stäbe entspricht den Interatomabständen. Die wichtigsten Modelle sind die Dreiding-Modelle, FMM (Framework Molecular Models), Geodestix- und Kendrew-Skelettmodelle sowie Push-Fit-Modelle.

Modell	Material	Maßstab	Lieferfirma
Skelett- modelle Dreiding	rostfr. Stahl	1 Å = 2.5 cm	W. Büchi, Glasappa- ratefabrik, Flawil, Schweiz
FMM	Plastik mit Stahl- verbin- dungen	1 Å = 2.5 cm	Prentice Hall Inc., Englewood Cliffs, New Jersey, USA
Geodestix	Plastik	1 Å = 5 cm	Crystal Structures Ltd., Bottisham, Cambridge
Kendrew	Messing	1 Å = 2 cm	Ealing Scientific, 23 Leman St., London E1
Push-Fit	Plastik	1 Å = 1 cm	Fa. Labquip, 18 Rose- hill Park Estate, Caversham, Reading, RG4 8XE

Bei der dritten Gruppe, den Kugel-Stab-Modellen, sind zusätzlich zu dem durch Stäbe dargestellten Bindungsskelett die Wirkungssphären der Atome durch verschieden große und verschieden farbige Kugeln angedeutet. Diese Modelle sind zur Darstellung organischer Moleküle weniger geeignet, dagegen vorzüglich zur Veranschaulichung von Kristallstrukturen (z. B. NaCl).

Ausführliche Übersichtsartikel findet man bei *Briegleb* (1955), *Smith* (1960) und *Walton* (1969).

L. Pasteur: Ann. Chim. Phys. *24*, 442 (1848).
J. Dewar: Proc. Roy. Soc. Edinbg. *6*, 82 (1867).
J. A. LeBel: Bull. Soc. Chim. Paris *22*, 337 (1874).
Lord Kelvin: Proc. Roy. Soc. Edinbg. *16*, 693 (1889).
G. Briegleb, in: *Houben-Weyl:* Methoden der organischen Chemie, Band 3/1, S. 550. Stuttgart: Thieme-Verlag 1955.
D. K. Smith: Nat. Bur. Stand. Monogr. *14*, 1960.
Anne Walton: The use of models in stereochemistry. In: Progress of stereochemistry, Bd. 4, S. 335. London: Butterworth 1969.
Eliel, S. 15f.

Mutarotation

Entdeckt von Dubrunfaut 1846 an wäßrigen Glucoselösungen („Birotation"). Lowry schlug 1899 die Bezeichnung „Mutarotation" vor.

Das Phänomen der spontanen Änderung des *spezifischen Drehwerts* frisch bereiteter Lösungen optisch aktiver Substanzen heißt „Mutarotation". Sie ist das Resultat einer spontanen *Epimerisierung*, einer *asymmetrischen Umlagerung* oder einer sonstigen spontanen Strukturumwandlung. Es wird nach einiger Zeit ein stabiler Endwert erreicht, der dem Gleichgewicht zwischen wenigstens zwei verschiedenen Substanzen entspricht.

In einer frisch bereiteten α-Glucose-Lösung sinkt der Drehwert von $[\alpha]_D = +113°$ langsam auf $+52°$. Durch Konfigurationswechsel an C-1 entsteht über die offenkettige Aldehydform β-Glucose (vgl. Anomerie). Durch Kristallisation kann reine α-Glucose zurückgewonnen werden (*asymmetrische Umlagerung* 2. Art). Die Geschwindigkeit der Mutarotation hängt von der Temperatur, dem Lösungsmittel und dem Katalysator (bei Glucose Säure-Base-Katalyse) ab.

Eine Mutarotation, die unter Strukturänderung abläuft, kann an den Gluconsäurelactonen beobachtet werden (*Rehorst*, 1928):

δ-Gluconolacton 　　Gluconsäure 　　γ-Gluconolacton
$[\alpha]_D^{20} = +63{,}5°$ 　　$[\alpha]_D^{20} = -6{,}72$ 　　$[\alpha]_D^{20} = +67{,}8°$

Im Gleichgewicht: $[\alpha]_D^{20} = +12°$

A. P. *Dubrunfaut:* Compt. Rend. Acad. Sci. (Paris) *23*, 28 (1846).
T. M. *Lowry:* J. chem. Soc. (London) *1899*, 211.
K. *Rehorst:* Ber. dtsch. chem. Ges. *61*, 163 (1928).
Übersicht: *Eliel*, S. 47 ff.

Newman-Projektion

Nach einem Vorschlag von M. S. Newman, 1955.

Zur Beschreibung der *Konformation* eines Moleküls, speziell an zwei benachbarten Atomen, kann man sich, neben anderen Projektionen (vgl. *Stereoformeln*), einer Newman-Projektion bedienen. Nach *Newman* projiziert man in Richtung der Bindung zwischen zwei Atomen. In der Papierebene erscheinen die von den Atomen ausgehenden Bindungen wie die Speichen eines Rades. Das am weitesten entfernte Atom wird durch einen Kreis dargestellt. Für dieses hintere Atom enden daher die Bindungen am Kreisumfang. Für das vordere enden sie im Kreismittelpunkt, der das vordere Atom repräsentiert (nach einer anderen Darstellung repräsentiert der Kreis beide Atome, s. IUPAC-Regeln).

synperiplanar   antiperiplanar

Fischer-Projektion

Zur „Übersetzung" einer *Fischer-Projektion* in die Newman-Projektion und zurück muß man beachten, daß die Fischer-Projektion zunächst eine synperiplanare (ekliptische) Konformation ergibt (definitionsgemäß liegen die Liganden der Hauptkette beide oberhalb oder unterhalb der Papierebene). Durch Drehen des einen Atoms mit seinen Liganden um 180° erhält man die antiperiplanare Newman-Projektion. Vor der Zuordnung zur erythro- oder threo-Reihe aus der Newman-Projektion muß also eine Torsion in die synperiplanare Konformation vorgenommen werden (vgl. *Konformationsnomenklatur, Fischer-Projektion*).

M. S. Newman: J. chem. Educ. *32,* 344 (1955).
Eliel, S. 28ff.
IUPAC Tentative rules for the nomenclature of organic chemistry, Section E: Fundamental stereochemistry. J. Org. Chem. *35,* 2849 (1970).

Oktantenregel

Für Verbindungen mit CO-Chromophor konzipiert von Moffitt, Woodward, Moscowitz, Klyne und Djerassi, 1961. Ähnliche Regeln existieren für andere Chromophore (Olefin-, Carboxyl-, Azid-, Aromat-Chromophor u. a.). Übersicht vgl. Crabbé, 1972, Snatzke, 1968.

Die halbempirische Oktantenregel erlaubt, eine Beziehung zwischen der Molekülgeometrie und dem Vorzeichen des *Cotton-Effektes* herzustellen. Bei ihrer Anwendung können bei bekanntem *Cotton-Effekt* Rückschlüsse auf Konfiguration und Konformation gezogen werden.

Zur Anwendung der Regel orientiert man ein Molekül (hier Cyclohexanon mit CO-Chromophor) in einem dreidimensionalen, rechtwinkligen Ebenensystem so, daß das Zentrum des Chromophors im Schnittpunkt der drei Ebenen A,B,C liegt, die die Oktanten begrenzen. Die drei Ebenen sind Knotenflächen des n- und π^*-Orbitals des CO-Chromophors, die A-Ebene zugleich Symmetrieebene des Moleküls:

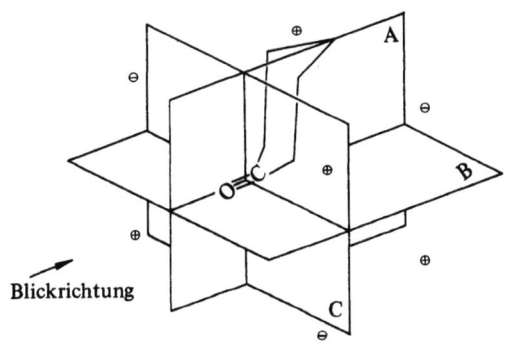

Das Vorzeichen des *Cotton-Effekts* hängt nun davon ab, in welchen der acht Oktanten der überwiegende Teil des Moleküls hineinragt: Atome, die von Ebenen durchschnitten werden, leisten keine Beiträge. Atome in den hinteren Oktanten rechts unten und links oben leisten einen positiven Beitrag.

Atome in den hinteren Oktanten rechts oben und links unten leisten einen negativen Beitrag.

Atome in den vorderen Oktanten (wenn vorhanden) leisten entgegengesetzte Beiträge wie die in den hinteren.

Beispiel (*Eliel*, S. 509): Konfigurationsbeweis für (+)-trans-10-Methyl-decalon-(2). Man legt das Molekül, wie für Cyclohexanon beschrieben, in das Oktantensystem hinein, und zwar in der hier angegebenen *Konfiguration*. Zur Vereinfachung sind hier die vier vorderen Oktanten weggelassen:

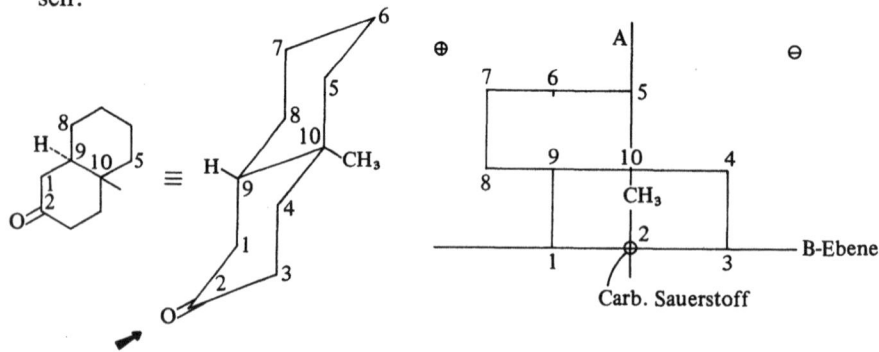

Die Methylgruppe und die C-Atome 1,2,3,5,10 werden von Ebenen durchsetzt und leisten keine Beiträge. Der überwiegende Teil des Moleküls liegt im hinteren Oktanten oben links, so daß man einen positiven Cottoneffekt erwarten sollte. Dieser Effekt kann experimentell bestätigt werden. Daher muß die hier angegebene Konfiguration richtig sein.

W. Klyne, in: Advances in organic chemistry, vol. I, S. 239. New York: Interscience Publ. 1960.

W. Moffitt, R. B. Woodward, A. Moscowitz, W. Klyne, C. Djerassi: J. Amer. chem. Soc. *83*, 4013 (1961).

G. Snatzke: Angew. Chem. *80*, 15 (1968). Dort weit. Literatur.

P. Crabbé: ORD and CD in chemistry and biochemistry, New York-London: Academic Press 1972.

Eliel, S. 506 ff.

Optisch aktive Chromophore

Einteilung nach A. Moscowitz, 1962.

Atomgruppierungen, deren Elektronen ausreichend labil gebunden sind, um mit dem Licht in Wechselwirkung treten zu können, werden „Chromophore" genannt. Die Wechselwirkungen (n→π*- oder π→π*-Übergänge der Elektronen nach Anregung durch die Lichtenergie) äußern sich spektrometrisch als charakteristische Absorptionen im Sichtbaren und nahen UV (> 200 nm).

„Optisch aktive" Chromophore können in zwei große Gruppen eingeteilt werden, die teilweise ineinander übergehen und nicht scharf begrenzt sind. Zur 1. Gruppe gehören solche Chromophore, die bereits von Natur aus chiral sind („inherently chiral chromophore"), z. B. die helixartig gewundenen π-Elektronensysteme der Helicene (vgl. *Helizität*), nicht ebener Biphenyle (vgl. *Atropisomerie*) und konjugierter Diene. Verbindungen mit Chromophoren dieser Art zeigen ORD-Kurven mit intensiven *Cotton-Effekten.*

Zur 2. (weitaus größeren) Gruppe zählen Chromophore, die isoliert betrachtet symmetrisch, aber in eine chirale Molekülumgebung eingebaut sind („inherently symmetric chromophors, which are asymmetric perturbed"). Hierher gehören etwa Carbonylchromophore, in deren Nachbarschaft sich ein Chiralitätszentrum befindet (Steroide). Derartige Substanzen zeigen vergleichsweise schwache Cottoneffekte.

Ein Maß für die Wechselwirkung zwischen einem Chromophor und seiner chiralen Umgebung ist die Rotatorstärke (rotational strength). Sie ist proportional der Fläche unter einer CD-Kurve (vgl. Zirkulardichroismus, Cotton-Effekt).

A. Moscowitz, in: Advances in chemical physics (J. Prigogine, Hrsg.), vol. IV, S. 67. New York: Interscience Publ. 1962.
A. Moscowitz, in: *C. Djerassi:* Optical rotatory dispersion, Kap. 12. New York: McGraw-Hill 1960.
P. Crabbé, in: *G. Snatzke:* ORD in organic chemistry. London: Heyden & Son 1967; ORD und CD in chemistry and biochemistry. New York und London: Academic Press 1972.
G. Snatzke: Angew. Chem. **80**, 15 (1968).
Mislow, S. 59ff.

Optische Aktivität

Entdeckung des Phänomens von Arago 1811 an Quarzkristallen, von Biot 1813 an flüssigen und gelösten organischen Substanzen. Theorie des polarisierten Lichts von Fresnel 1823. Vermutung einer asymmetrischen Atomgruppierung von Pasteur 1860. Tetraedertheorie von leBel und van't Hoff 1874. Quantenmechanische Deutung durch Rosenfeld 1928.

Wenn die Schwingungsebene des linear polarisierten Lichts beim Durchtritt durch ein Medium um einen bestimmten Betrag gedreht wird, ist das Medium „optisch aktiv". Es kann einerseits aus einem Kristall mit chiralem Gitter (α- und β-Quarz), aber achiralen Bausteinen (SiO_2), andererseits aus festen, gelösten, flüssigen oder gasförmigen chiralen Molekülen bestehen.

Wird die Schwingungsebene nach rechts gedreht (vom Beobachter aus gesehen), erhält die aktive Substanz das Symbol ($+$), nach links das Symbol ($-$) (vgl. spezifischer Drehwert, Enantiomerie). Die Drehung wird durch die Wechselwirkung des rechts- und linkszirkular polarisierten Lichts mit dem chiralen Medium verursacht (vgl. zirkulare Doppelbrechung, Zirkulardichroismus, Cotton-Effekt, optisch aktiver Chromophor).

M. Arago: Mém. Classe Sci. Math. Phys. Inst. Imper. France *12 I*, 93 (1811).
J. B. Biot: Bull. Soc. philomath. Paris *1815*, 190; Mém. Acad. Roy. Sci. Inst. France *2*, 41 (1817).
J. H. van't Hoff: Bull. Soc. Chim. France *23*, 295 (1875).
J. A. le Bel: Bull. Soc. Chim. France *22*, 337 (1874).
Eliel, S. 1 ff.
T. M. Lowry: Optical rotatory power. New York: Dover Publ. 1964. Unveränd. Neuauflage von 1935 (London: Longmans, Greens & Co).
P. Crabbé: ORD and CD in chemistry and biochemistry. New York-London: Academic Press 1972.
D. J. Caldwell, H. Eyring: The theory of optical activity. New York: Wiley & Sons 1971.
L. Rosenfeld: Z. Physik *52*, 161 (1929).

Optische Reinheit, enantiomere Reinheit, optische Ausbeute

Die *optische Reinheit* p eines teilweise racemisierten Enantiomerengemisches ist definiert als ihr gemessener spezifischer Drehwert $[\alpha]$ dividiert durch den spezifischen Drehwert des reinen Enantiomeren $[A]$:

$$p = \frac{[\alpha]}{[A]}$$

Für ein racemisches Gemisch ergibt sich mit dieser Definition die optische Reinheit 0, für ein reines Enantiomeres wird $p=1$. Von manchen Autoren wird die Drehung des reinen Enantiomeren auch als „absolute Drehung" bezeichnet.

Die *enantiomere Reinheit* e ist ein Maß für den Überschuß des einen Enantiomeren gegenüber dem anderen,

$$e = \frac{E^+ - E^-}{E^+ + E^-}$$

wobei E^+ immer dasjenige Enantiomere ist, welches überwiegt.

Die *optische Ausbeute* P ist die mit 100 multiplizierte optische Reinheit p und wird in Prozent angegeben:

$$P = p \cdot 100\%$$

M. Raban, K. Mislow: Topics Stereochem. *2*, 199 (1967).
H. Pracejus: Fortschr. chem. Forsch. *8*, 493 (1967).
Eliel, S. 100ff.

Optische Rotationsdispersion (ORD)

Erste Messungen von Biot, 1815. Stagnation bis ca. 1953. Dann Beginn ausführlicher Messungen von Djerassi (USA). In Deutschland vor allem von Snatzke.

Mißt man den *spezifischen Drehwert* $[\alpha]$ (oder den molaren Drehwert $[\Phi]$) in Abhängigkeit von der Wellenlänge λ, so erhält man eine optische Rotationsdispersionskurve (ORD).

Hat die untersuchte, optisch aktive Substanz kein Absorptionsmaximum im gewählten Wellenlängenbereich, verhält sich die Kurve „schlicht" (engl. plain). Die Absolutwerte von $[\alpha]$ oder $[\Phi]$ fallen mit steigender Wellenlänge proportional $1/\lambda$. Kurven dieses Typs können durch eine vereinfachte Drude-Gleichung beschrieben werden:

$$[\Phi] = \sum_i A_i/(\lambda_o^2 - \lambda_i^2) \qquad A, \lambda_0 = \text{const.}$$

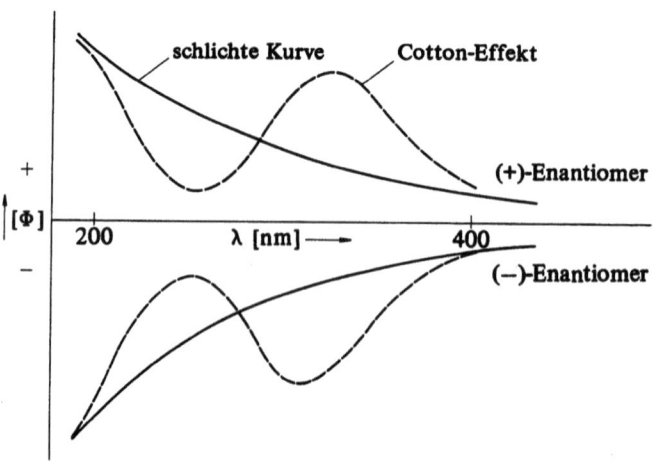

Hat die Substanz im Meßbereich ein Absorptionsmaximum, wird die ORD-Kurve durch den Cotton-Effekt „anomal". Im Idealfall zeigt sie zwei Extremwerte, einen „Gipfel" und ein „Tal" (vgl. Cotton-Effekt).

Die schlichte ORD-Kurve kann als der langwellige Ausläufer eines jenseits des meßbaren Bereichs (< 190 nm) auftretenden Cotton-Effekts aufgefaßt werden. Alle organischen Substanzen haben jenseits dieser Grenze ein Absorptionsmaximum.

C. *Djerassi*: Optical rotatory dispersion. New York: McGraw-Hill 1960.
G. *Snatzke*: Optical rotatory dispersion and circular dichroism in organic chemistry (Hrsg. G. *Snatzke*). London: Heyden & Son 1967. Vgl. auch Angew. Chem. *80*, 15 (1968).

Optische Superposition

Von van't Hoff, 1875.

Nach dem Prinzip der optischen Superposition liefert jedes Chiralitätselement einer optisch aktiven Verbindung einen Beitrag zur Gesamtdrehung, die im Idealfall additiv aus den Drehungsbeiträgen der einzelnen Chiralitätselemente errechnet werden kann (van't Hoffsche Regel). Störungen treten auf, weil sich nahe beieinander liegende Chiralitätszentren aufgrund der „Vicinalwirkung" beeinflussen. Darunter versteht man intramolekulare Wechselwirkungen, die Liganden an einem Chiralitätszentrum aufeinander ausüben. Es kommt dabei zu einer Änderung ihrer Einzeldrehungsbeiträge und letztlich zu einer Verfälschung des idealen Gesamtdrehbetrags. Die Beeinflussung ist um so kleiner, je weiter die Chiralitätszentren voneinander entfernt sind (Entfernungssatz der opt. Superposition von *Kuhn* und *Freudenberg*, 1931). Die van't Hoffsche Regel ist danach nur dann streng gültig, wenn die chiralen Zentren in einer opt. aktiven Verbindung möglichst weit auseinander liegen, wenn also keine Vicinalwirkung mehr auftreten kann.

Beispiele für die Superpositionsregel vgl. „*Hudsonsche Regeln der Isorotation*" und „*Methode der Molrotationsunterschiede*".

J. H. van't Hoff: Bull. Soc. Chim. France (2) *23*, 298 (1875).
J. H. van't Hoff: Die Lagerung der Atome im Raum, 2. Aufl., S. 119. Braunschweig: Vieweg 1894.
K. Freudenberg: Monatsh. Chem. *85*, 537 (1954).
K. Freudenberg, W. Kuhn: Ber. dtsch. chem. Ges. *64*, 703 (1931).
W. Kuhn: Angew. Chem. *68*, 93 (1956).
Weitere Literatur: *Freudenberg*, S. 423; *Eliel*, S. 130.

Optischer Verschiebungssatz

Freudenbergscher Verschiebungssatz, Verschiebungsregel

Von K. Freudenberg, 1923.

Der optische Verschiebungssatz kann zur Bestimmung der relativen Konfiguration durch optischen Vergleich herangezogen werden. Er besagt, daß Verbindungen ähnlicher Konstitution gleiche Konfiguration besitzen, wenn bei gleicher chemischer Veränderung die Richtung der relativen Verschiebung der molaren Drehwerte (bei gleicher Wellenlänge) übereinstimmt. Dabei ist der Absolutbetrag der jeweiligen Drehwertverschiebung normalerweise Schwankungen unterlegen, also nicht gleich groß.

Mit Hilfe dieser Regel wurde beispielsweise die relative Konfiguration des natürlich vorkommenden Alanins bestimmt, indem man die molaren Drehwerte seiner Derivate (Salze, Ester, Amide, N-Acetyl-, N-Benzoyl-, N-Toluolsulfonyl-Derivate usw.) den entsprechenden Verbindungen der L- bzw. D-Milchsäure, deren Konfiguration bekannt war, gegenüberstellte.

$$\begin{array}{cc} \text{COOH} & \text{COOH} \\ | & | \\ \text{HO}-\text{C}-\text{H} & \text{H}_2\text{N}-\text{C}-\text{H} \\ | & | \\ \text{CH}_3 & \text{CH}_3 \end{array}$$

L-(+)-Milchsäure   L-(+)-Alanin
                     „natürliches Alanin"

Wie die Tabelle zeigt, erfolgt die relative Verschiebung der molaren Drehwerte von L-(+)-Milchsäuren-Derivaten und denen des natürlichen Alanins in der gleichen Richtung: natürliches Alanin besitzt also L-Konfiguration.

	L-(+)-Milchsäure	L-(+)-Alanin
Amid der Benzoylverb.	+120°	+70–80°
Äthylester der Benzoylverb.	+ 49°	+12°
Methylester der Benzoylverb.	+ 35°	+ 4°
Äthylester der Acetylverb.	− 76°	−74°
Äthylester der Toluolsulfonylverbindung	−129°	−78°

K. Freudenberg, F. Brauns, H. Siegel: Ber. dtsch. chem. Ges. 56, 193 (1923).
K. Freudenberg: Mh. Chem. 85, 537 (1954).
W. Kuhn: Angew. Chem. 68, 99 (1956).
J. H. Brewster: J. Amer. Chem. Soc. 81, 5475 (1959).
Freudenberg, S. 693.
Eliel, S. 131.
Mislow, S. 143.

Pitzer-Spannung

Torsionsspannung, Oppositionsspannung

Definiert von K. S. Pitzer, 1936.

Als Pitzerspannung wird diejenige Spannung eines Moleküls bezeichnet, die durch van der Waals-Wechselwirkungen ungenügend gestaffelter Substituenten benachbarter C-Atome verursacht wird. Sie tritt im einfachsten Fall bei der Äthanmolekel auf, wo Pitzerspannung bei Rotation um die C—C-Achse durch zu starke Annäherung von Wasserstoffatomen der benachbarten C-Atome hervorgerufen wird.

Cyclopentan liegt aufgrund der Pitzerspannung (trotz des Idealwinkels von 108°, vgl. Baeyerspannung) nicht in der ebenen Form eines regulären Fünfecks vor, in der die Methylenprotonen in die ungünstige ekliptische Konformation gezwungen wären. Es bevorzugt gewellte, nicht starre Konformationen (Envelope und Halbsessel), in denen das aus der Ebene der anderen vier Atome herausragende C-Atom in schneller Folge wechselt („Pseudorotation").

In den mittleren cyclischen Verbindungen stellt die Pitzerspannung einen Teil der Gesamtringspannung dar, deren weitere Komponenten die *Baeyer-Spannung* und die *Transanular-Spannung* sind.

Envelope-Konformation (Briefumschlag-)   Cyclopentan   Halbsessel-Konformation

J. D. Kemp, K. S. Pitzer: J. Chem. Physics 4, 749 (1936).
K. S. Pitzer: Strain Energies of Cyclic Hydrocarbons. Science 101, 672 (1945).
J. E. Kilpatrick, K. S. Pitzer, R. Spitzer: J. Amer. chem. Soc. 69, 2483 (1947).
K. S. Pitzer, W. E. Donath: J. Amer. chem. Soc. 81, 3213 (1959).
Eliel, S. 305, 321.

Polarisiertes Licht

Linear polarisiertes Licht zuerst beschrieben von Malus, 1808. Theorie und Nachweis von zirkular polarisiertem Licht von Fresnel, 1825.

In einem natürlichen Lichtstrahl schwingt der elektrische Vektor, dessen Ebene als Schwingungsebene des Lichtstrahls bezeichnet wird, in allen Richtungen und Größen. Zwischen den zeitlich aufeinander folgenden Phasen besteht kein gesetzmäßiger Zusammenhang (a).

In einem linear polarisierten Lichtstrahl schwingt der Vektor nur noch in einer Ebene. Richtung und Betrag ändern sich periodisch innerhalb bestimmter Grenzen (b).

In einem rechtszirkular polarisierten Strahl führt der Vektor eine schraubenförmige Bewegung im Uhrzeigersinn (P-Helix), in einem linkszirkular polarisierten Strahl entgegen dem Uhrzeigersinn (M-Helix) aus. Der Vektorbetrag bleibt in beiden Fällen konstant (c und d).

Durch Überlagerung zweier in Phase schwingender rechts- und linkszirkular polarisierter Strahlen gleicher Wellenlänge und gleicher Amplitude entsteht linear polarisiertes Licht der doppelten Schwingungsamplitude des zirkular polarisierten Lichts (e).

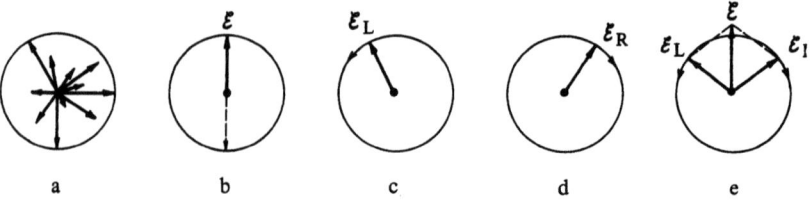

a   b   c   d   e

Ändert sich die Wellenlänge des einen zirkular polarisierten Strahls gegenüber dem anderen kontinuierlich (beim Durchgang durch ein optisch aktives Medium), dreht sich die durch Überlagerung entstehende Ebene des linear polarisierten Lichts proportional (f, zirkulare Doppelbrechung).

Ändert sich Wellenlänge *und* Amplitude, entsteht durch Überlagerung elliptisch polarisiertes Licht (g, Zirkulardichroismus).

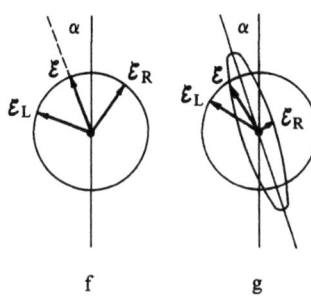

A. *Fresnel:* Ann. Chim. Phys. *28*, 147 (1825).
E. L. *Malus:* Mém. Soc. Arcueil *2*, 143 (1809).
W. H. *Westphal:* Lehrbuch der Physik. Berlin-Göttingen-Heidelberg: Springer 1959.
G. *Snatzke:* Angew. Chem. *80*, 15 (1968).
C. *Djerassi:* Optical rotatory dispersion. New York: McGraw-Hill 1960.

Prelogsche Regel

Von Prelog, 1953.

Die Prelogsche Regel gibt eine formale Beziehung zwischen den bei den McKenzie-Synthesen stereoselektiv gebildeten Stereoisomeren und der Konfiguration des optisch aktiven Alkohols, der dabei als Hilfsreagenz dient.

McKenzie-Synthesen sind *asymmetrische Synthesen*, bei denen α-Ketocarbonsäuren, die mit einem optisch aktiven Alkohol Ib verestert sind, mit Grignard-Verbindungen umgesetzt werden. Die entstehenden α-Hydroxycarbonsäureester geben nach Hydrolyse partiell optisch aktive Hydroxysäuren IIIb:

Zum Verständnis des Mechanismus dieser Reaktion orientiert *Prelog* den α-Ketosäureester so, daß die Kette R_1—CO—CO—O—C in einer Ebene liegt und die beiden Carbonylgruppen antiparallel ausgerichtet

Prelogsches Schema:

Angriffsrichtungen des Grignardreagenzes: R_2MgX von vorne / von hinten

M = Mittel G = Groß K = Klein
(Raumerfüllung der Liganden)

sind (IIa_{1-3} bzw. IIb_{1-3}). Durch Rotation um die Esterbindung entstehen von jedem der beiden enantiomeren Ketoester drei stabile Konformationen. Das Grignardreagenz greift nun von derjenigen Seite an, auf welcher sich der kleinere Rest von den beiden nicht in der Papierebene liegenden Liganden befindet. Das „Prelogsche Schema" zeigt, daß sich aus dem α-Ketoester mit der Alkoholkonfiguration Ia vorwiegend die α-Hydroxysäure mit der Konfiguration IIIa und aus dem Ketoester mit der Konfiguration des Alkohols Ib vorwiegend die α-Hydroxysäure mit der Konfiguration IIIb bildet. Die Konfiguration des optisch aktiven Alkohols ist somit mit der Konfiguration der im Überschuß entstehenden α-Hydroxysäure auf eindeutige Weise verknüpft (große unterbrochene Pfeile im Schema).

Durch Messen des (für die reinen α-Hydroxysäuren bekannten) Drehwertes kann festgestellt werden, welche Hydroxysäure nach dem letzten Schritt der Reaktionsfolge, der Hydrolyse, überwiegt. Mit dem Ergebnis kann auf die Konfiguration des optisch aktiven Hilfsalkohols zurückgeschlossen werden. In Umkehrung des Schemas lassen sich durch Einsetzen von optisch aktiven Alkoholen bekannter Konfiguration die Konfigurationen von α-Hydroxysäuren ermitteln.

V. Prelog: Helv. chim. Acta *36*, 308 (1953); Bull. Soc. Chim. France *1956*, 987.
Eliel, S. 85ff., 135, 381.

Prochiralität

Definitionen nach Hanson, 1966, und Prelog, 1972.

Eine Anordnung C—aabc mit zwei gleichen (a,a) und zwei verschiedenen achiralen Liganden (b,c) ist „prochiral". Wird ein Ligand a durch einen neuen, d, ersetzt, entsteht ein Chiralitätszentrum:

prochiral   chiral

Die beiden Liganden a (zur Unterscheidung als a' und a" bezeichnet) liegen in der prochiralen Anordnung auf zwei verschiedenen Seiten der Dreiecke a'bc und a"bc, die zweidimensional chiral sind (vgl. *Chiralität*). a' und a" besitzen enantiotope Lagen. Das Dreieck c, b, a", das von a' „gesehen" wird, ist das Spiegelbild des Dreiecks, das von a" „gesehen" wird. Die beiden Seiten (engl. „faces") oder Halbräume werden mit den Symbolen „Re" und „Si" spezifiziert: a_{Re} und a_{Si} (vgl. *Re/Si-System*).

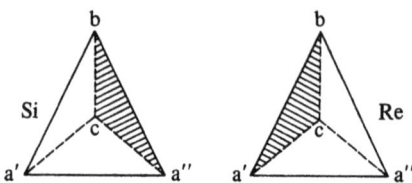

Beide Seiten können damit von chiralen Reagenzien „erkannt" werden. So führt die enzymatische Decarboxylierung von radioaktiv markierter Aminomalonsäure zur Abspaltung von CO_2 aus nur einer Carboxylgruppe. Das Enzym vermag mit Hilfe von spezifischen Bindungsstellen (skizziert als A, B, C) nur einen ganz bestimmten Enzym-Substrat-Komplex zu bilden, so daß nur eine der COOH-Gruppen reagieren kann (*Ogston*, 1948).

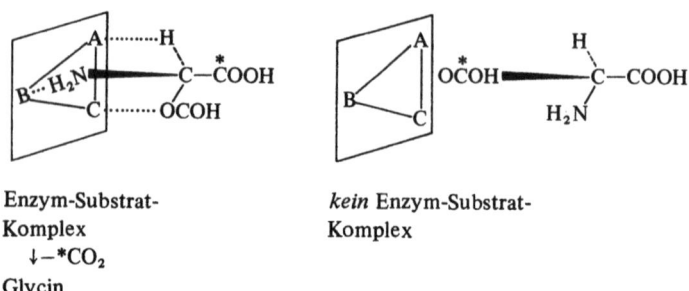

Enzym-Substrat-
Komplex
↓ −*CO_2
Glycin

kein Enzym-Substrat-
Komplex

Analog zu den Chiralitätselementen leiten sich von den Modellen mit T_d-, D_{2d}- und C_s-Punktsymmetrie durch Besetzen der Ecken mit den Liganden b, c, a_{Re} und a_{Si} Prochiralitätszentren, -achsen und ebenen ab.

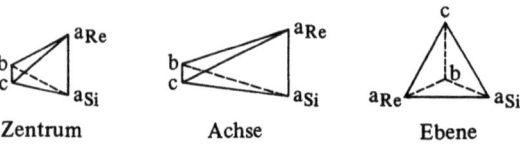

Zentrum   Achse   Ebene

V. Prelog, G. Helmchen: Helv. Chim. Acta 55, 2581 (1972).
K. R. Hanson: J. Amer. chem. Soc. 88, 2731 (1966).
H. Hirschmann, K. R. Hanson: J. Org. Chem. 36, 3293 (1971).
A. G. Ogston: Nature (London) 162, 963 (1948).

Zusammenfassungen:
D. Arigoni, E. L. Eliel, in: Topics of stereochemistry, Vol. 4, S. 127. New York 1969.
R. Bentley: Molecular asymmetry in biology, Vol. I, S. 148. New York, London: Academic Press 1969. Dort weitere Literatur.
E. L. Eliel: J. Chem. Educat. 48, 163 (1971).

Propseudoasymmetrie

Zuerst erwähnt von Hirschmann und Hanson, 1971. Definitionen von Prelog und Helmchen, 1972.

Eine Anordnung C—aaFꟻ mit zwei gleichen achiralen Liganden a,a und zwei enantiomorphen Liganden F, ꟻ ist propseudoasymmetrisch. Durch Austausch eines der beiden achiralen Liganden a gegen einen zweiten, b, entsteht ein Pseudoasymmetriezentrum:

```
      a                          a
      |                          |
  F—C—ꟻ   propseudo-asymmetrisch    F—C—ꟻ   pseudo-asymmetrisch
      |                          |
      a                          b
```

Die beiden Liganden a (zur Unterscheidung a' und a" genannt) haben diastereotope Lagen. Sie befinden sich auf zwei verschiedenen achiralen Seiten der beiden Dreiecke a'Fꟻ und a"Fꟻ, die zweidimensional pseudoasymmetrisch sind. Beachtung der Sequenz a>F>ꟻ, die sich nach der 5. Standardunterregel (vgl. Sequenzregel) ergibt, führt zur Spezifikation der beiden Seiten mit re und si. Die Deskriptoren werden analog r, s klein geschrieben, da sie durch Spiegelung nicht verändert werden.

Ein einfaches Beispiel ist die meso-α,α'-Dihydroxyglutarsäure mit a = H und F, $\daleth$ = (R)—CHOH—COOH bzw. (S)—CHOH—COOH. Das mittlere C-Atom ist das Propseudoasymmetriezentrum. Tauscht man eines der beiden H-Atome gegen OH aus, erhält man ein Pseudoasymmetriezentrum. Gleiche Konfiguration der chiralen Liganden (R,R bzw. S,S) ergibt zwei Enantiomere ((+)- und (−)-α,α'-Dihydroxyglutarsäure):

```
              COOH                COOH               COOH
              |                   |                  |
   S   HO—C—H           S   HO—C—H          H—C—OH   R
              |                   |                  |
              CH₂                 CH₂                CH₂
              |                   |                  |
   R   HO—C—H           S   H—C—OH           HO—C—H   R
              |                   |                  |
              COOH                COOH               COOH
         meso-                   (−)-               (+)-
                        Dihydroxyglutarsäure
```

H. *Hirschmann*, K. R. *Hanson:* J. Org. Chem. **36**, 3293 (1971); Eur. J. Biochem. **22**, 301 (1971).
V. *Prelog*, G. *Helmchen:* Helv. chim. Acta **55**, 2581 (1971).

Proteinstrukturen

Die Begriffe „Primär-", „Sekundär-" und „Tertiärstruktur" von Linderstrøm-Lang, 1952. „Quartärstruktur" von Bernal, 1958.

Primärstruktur. Gibt die Sequenz der Aminosäuren in den Polypeptidketten eines Proteins wieder, einschließlich eventuell vorhandener Disulfidbrücken zwischen den Ketten. Sie wird durch schrittweisen Abbau der Aminosäuren (Sequenzanalyse) bestimmt.

Sekundärstruktur. Gestreckte Polypeptidketten sind aus energetischen Gründen forminstabil. Durch Faltungen entstehen Sekundärstrukturen, die durch Wasserstoffbrücken stabilisiert werden. Man unterscheidet zwei Kategorien, helicale Strukturen (vgl. α-Helix) als Folge von intramolekularen und Faltblattstrukturen als Folge von intermolekularen Wasserstoffbrücken.

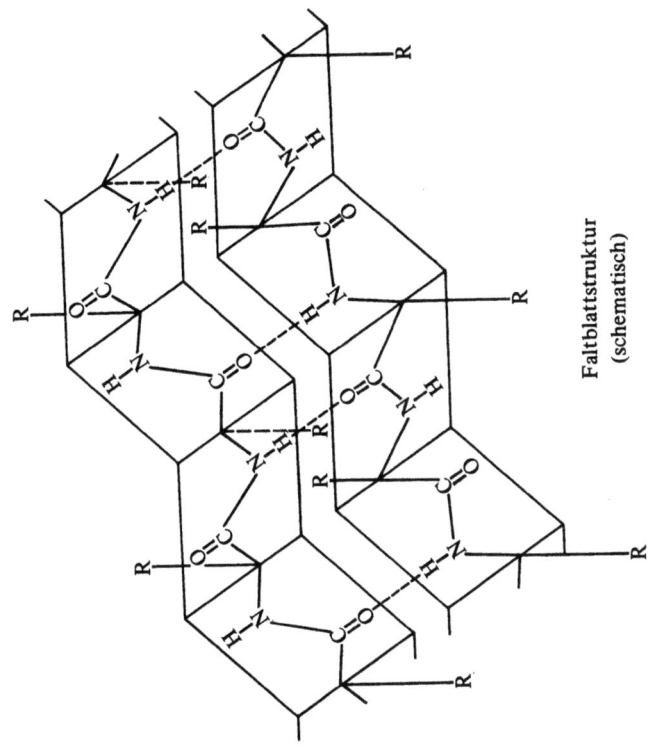

Faltblattstruktur (schematisch)

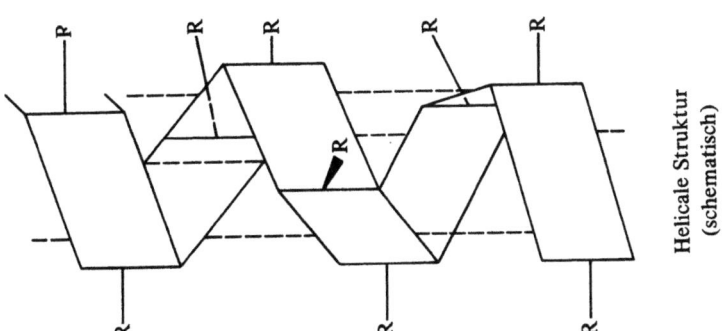

Helicale Struktur (schematisch)

In den Helices (schematisiert dargestellt durch um Achsen gewundene Rechtecke, die den Ebenen der Peptidgruppen entsprechen) verlaufen die Bindungsrichtungen der H-Brücken angenähert parallel zur Helixachse, in den Faltblattstrukturen dagegen senkrecht zur Längsachse der Peptidketten. Diese können parallel (N-Termini am gleichen Ende) oder antiparallel (N-Termini alternierend) angeordnet sein.

Die Sekundärstruktur eines Polypeptides kann durch Röntgenstrukturanalyse ermittelt werden.

Tertiärstruktur. Entsteht durch Faltung und Verdrillung einer (ausreichend langen) Helix. Man bezeichnet mit Tertiärstruktur die gesamte räumliche Anordnung (Konfiguration + Konformation) eines Proteins. Sie kann aus helicalen und/oder ungeordneten Knäuelbereichen bestehen. Myoglobin, eines der ersten in der Tertiärstruktur aufgeklärten Proteine *(Kendrew)*, besteht zu ca. 75% aus helicalen Anteilen. Die Gesamtstruktur wird durch hydrophobe und ionische Kräfte stabilisiert.

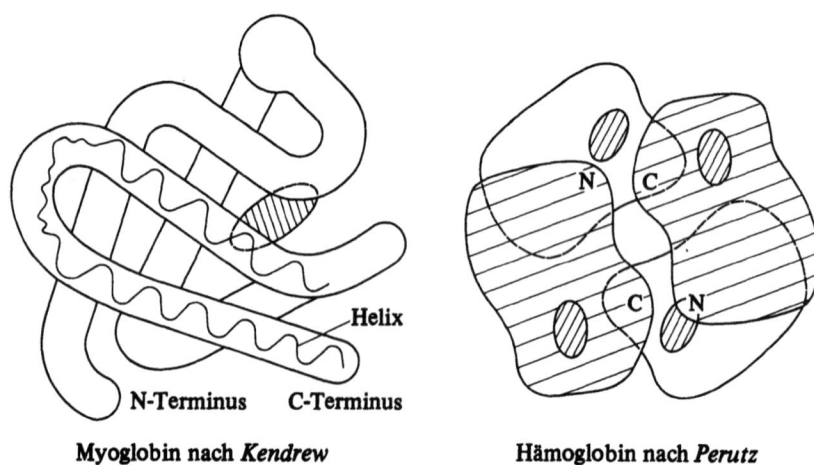

Myoglobin nach *Kendrew*   Hämoglobin nach *Perutz*

Quartärstruktur. Bezeichnet den Aufbau eines Proteins aus einer definierten Anzahl von Untereinheiten, die nicht durch kovalente Bindungen zusammengehalten werden. Eines der bestuntersuchten Beispiele ist das Hämoglobin *(Perutz)*. Es besteht aus zwei identischen α-Ketten und zwei identischen β-Ketten, jede Kette ähnelt für sich sehr stark dem Myoglobin. Die vier Proteinketten werden vorwiegend über hydrophobe Kontaktstellen (über Leu, Ileu, Val, Phe) zusammengehalten. Sie sind tetraedrisch um das Zentrum angeordnet.

Die vier Begriffe Primärstruktur, Sekundärstruktur, Tertiärstruktur und Quartärstruktur sind nicht auf Proteine beschränkt. Sie gelten auch für andere Biopolymere wie Viren, DNS, Bakteriophagen etc.

L. Pauling: Die Natur der chemischen Bindung. Weinheim: Verlag Chemie 1966.
L. Pauling, R. B. Corey: Fortschr. chem. org. Naturstoffe *11*, 180 (1954).
J. C. Kendrew: Scient. American *205*, Nr. 6, 96 (1961); Angew. Chem. *75*, 595 (1963).
M. F. Perutz: Angew. Chem. *75*, 589 (1963).
K. U. Linderstrøm-Lang, J. A. Schellman, in: *P. D. Boyer, H. Lardy, K. Myrbäck:* The enzymes, 2. Aufl., Bd. 1, S. 443. New York: Academic Press 1959.
J. D. Bernal: Discussions Faraday Soc. *25*, 7 (1958).
Übersicht: *H. Sund, K. Weber:* Angew. Chem. *78*, 217 (1966).
A. L. Lehninger: Biochemistry. New York: Worth Publ. 1970.

Pseudoasymmetrie

In stereochemischen Lehrbüchern erstmals erwähnt von H. Landolt, 1898, und A. Werner, 1904. Definitionen von Prelog, 1972.

Pseudoasymmetrie tritt in Verbindungen des Typs C—abFꟻ auf, wobei a,b verschiedene achirale Liganden und F, ꟻ enantiomorphe (konstitutionell gleiche, aber spiegelbildliche) Liganden sind. Eines der bekanntesten Beispiele ist die Trihydroxyglutarsäure mit H,HO = a,b und (R)—CHOH—COOH = F sowie (S)—CHOH—COOH = ꟻ, von der zwei enantiomere und zwei meso-Formen existieren.

Die Stereoisomeren der Trihydroxyglutarsäure erhält man formal zum einen, indem man das mittlere C-Atom nur mit gleich konfigurierten Liganden F (1. Enantiomeres) bzw. ꟻ (2. Enantiomeres) besetzt. Das mittlere C-Atom ist jetzt achiral, das Molekül als ganzes aber chiral, da es keine *Symmetrieelemente* 2. Art enthält:

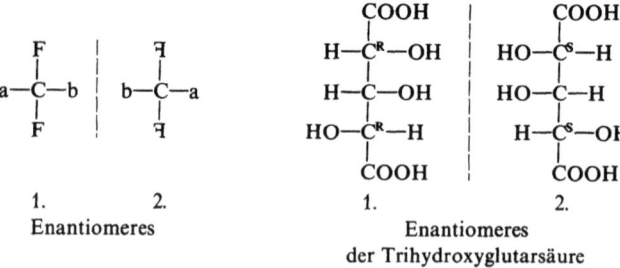

Zum anderen kann das mittlere C-Atom abwechselnd mit zwei Liganden entgegengesetzter Konfiguration (F,⌐ bzw. ⌐,F) besetzt werden. Jetzt wäre das mittlere C-Atom *per definitionem* asymmetrisch (vgl. *Asymmetrie*), wird jedoch von einer Symmetrieebene durchschnitten. Das mittlere C-Atom ist zu einem Pseudoasymmetriezentrum geworden. Einfacher Ligandenaustausch führt zu zwei verschiedenen meso-Formen (und nicht, wie bei einem Chiralitätszentrum, zu Enantiomeren):

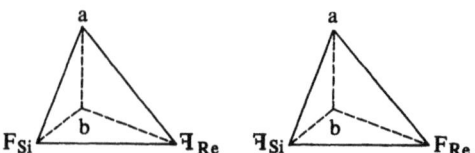

Betrachtet man die der 1. und der 2. meso-Form entsprechenden tetraedrischen Modelle, erkennt man, daß sich die Liganden F und ⌐ in verschiedenen enantiotopen Halbräumen befinden. In der ersten meso-

Form liegt F auf der Re-Seite (F_{Re}) und ⌐ auf der Si-Seite (⌐$_{Si}$), in der 2. meso-Form umgekehrt. Diese beiden Kombinationsmöglichkeiten der enantiomorphen Liganden in zwei verschiedenen Halbräumen bedingen nach Prelog das Auftreten der Pseudoasymmetrie.

Als Deskriptoren der Konfiguration pseudoasymmetrischer C-Atome verwendet man die (wegen der Nichtumkehrbarkeit der Konfiguration bei Spiegelung) kleinen Buchstaben r und s (vgl. RS-System). Für b > F > ꟼ > a (vgl. Sequenzregel) hat das mittlere C-Atom in der 1. meso-Form s-, in der 2. meso-Form r-Konfiguration. Entsprechend den enantiotopen Halbräumen können die an das pseudoasymmetrische C-Atom gebundenen Chiralitätszentren mit R_{Re}, S_{Si} bzw. R_{Si}, S_{Re} spezifiziert werden. Diese Deskriptorenpaare sind synonym mit r und s.

Analog den *Chiralitätselementen* können Zentren (Spezialfall: pseudoasymmetrisches C-Atom), Achsen und Ebenen der Pseudoasymmetrie konstruiert werden. Diastereomere meso-Formen mit Pseudoasymmetrieachsen und -ebenen sind in neuester Zeit von *Prelog* und *Helmchen* synthetisiert worden:

Die bisher behandelte dreidimensionale Pseudoasymmetrie steht zur zweidimensionalen Pseudoasymmetrie in einer ähnlichen Beziehung wie die dreidimensionale zur zweidimensionalen *Chiralität*:

2-dim.   3-dim.   2-dim.   3-dim.
         chiral   pseudoasymmetrisch

$F^2, ꟼ^2$ = 2-dim. enantiomorphe Liganden
$F, ꟼ$ = 3-dim. enantiomorphe Liganden

Während bei zweidimensional chiralen geometrischen Figuren entsprechend den enantiotopen Lagen eine Re- und eine Si-Seite definiert werden können (vgl. Chiralität, Prochiralität, Re/Si-System), sind die beiden Seiten des zweidimensional pseudoasymmetrischen Dreiecks achiral. Die beiden Halbräume verhalten sich diastereotop. Beachtet man die Sequenz a > F$_{Re}^2$ > η$_{Si}^2$ (5. Standardunterregel der *Sequenzregel*), kann man den Seiten die Deskriptoren re und si zuordnen, die wegen ihrer Unveränderlichkeit bei Spiegelung wieder klein geschrieben werden.

H. Landolt: Das opt. Drehungsvermögen org. Substanzen und dessen prakt. Anwendung, 2. Auflage, S. 50, 121. Braunschweig: F. Vieweg 1898.
A. Werner: Lehrbuch der Stereochemie. Jena: Fischer 1904.
V. Prelog, G. Helmchen: Helv. chim. Acta *55*, 2581 (1972).
G. Helmchen, V. Prelog: Helv. chim. Acta *55*, 2599, 2612 (1972).
H. Hirschmann, K. R. Hanson: J. org. Chem. *36*, 3293 (1971); Eur. J. Biochem. *22*, 301 (1971).

Punktgruppen

Die Symmetrieeigenschaften eines Moleküls können durch Symmetrieoperationen (Drehungen, Spiegelungen) und *Symmetrieelemente* (Drehachsen, Spiegelebenen, Symmetriezentren) charakterisiert werden. Moleküle können kein, ein oder mehrere Symmetrieelemente besitzen, deren Kombinationen die Punktgruppen (= Symmetriegruppen) bilden (vgl. Tabelle). Die Bezeichnung „Punktgruppe" für Gruppen von Symmetrieelementen rührt daher, daß bei der Durchführung einer oder mehrerer Symmetrieoperationen mindestens ein Punkt des Moleküls unverändert bleibt. Die einzelnen Punktgruppen werden durch Schönflies-Symbole gekennzeichnet, deren Bedeutung wie folgt abgeleitet werden kann:

C = Drehachse (von „Cyclus")
 (C_i = Inversionszentrum, C_S = Spiegelebene)
D = zweizählige Achse, zu der sich senkrecht weitere zweizählige Achsen befinden (von „Digyre")

S = Drehspiegelachse (von „Sphenoid")
O = Oktaeder
T = Tetraeder

Spiegelungen werden oft mit dem griech. Buchstaben σ bezeichnet, Drehungen um den Winkel α mit C_n $(n = 360°/α)$. Der Einfachheit halber werden auch die zugehörigen Symmetrieelemente, Spiegelebene und Drehachse, mit σ-Ebene und C_n-Achse bezeichnet.

Bei vielen Molekülen stellt eine Achse die Hauptachse dar, auf die die anderen Symmetrieelemente bezogen werden. Diese Hauptdrehachse steht vertikal, Spiegelungen an einer dazu senkrechten Ebene werden mit $σ_h$ (Index h von horizontal) bezeichnet. Enthält dagegen die Spiegelebene gleichzeitig die Hauptdrehachse, kennzeichnet man sie mit $σ_v$ (v = vertikal), manchmal auch mit $σ_d$ (d = „dihedral", weil gewisse Winkel durch die Ebene halbiert werden).

Es gibt 32 Punktgruppen, die in der Kristallographie den Kristallklassen entsprechen.

Typ I: Keine Symmetrieachse; Punktgruppen C_1, C_S, C_i.

Schönflies-symbol	Art und Anzahl der Symmetrieelemente	Beispiel
C_1	keine Symmetrieelemente asymmetrisch und chiral	H—C—J mit Cl oben, Br unten
C_S ($\hat{=} S_1$)	eine Symmetrieebene achiral	
C_i ($\hat{=} S_2$)	ein Symmetriezentrum achiral	

89

Typ II: Eine Symmetrieachse; Punktgruppen C_n, S_n, C_{nv}, C_{nh}.

Schönflies-symbol	Art und Anzahl der Symmetrieelemente	Beispiel
C_n	eine n-zählige Drehachse $n > 1$, chiral	
S_n	eine S_n-Drehspiegelachse n-geradzahlig, aber $\neq 2$ keine Symmetrieebene	
C_{nv}	eine C_n-Achse n σ_v-Ebenen, achiral	
C_{nh}	Eine C_n-Achse eine σ_h-Ebene, achiral	

Typ III: Eine n-zählige Achse und n 2-zählige Achsen mit oder ohne σ-Ebenen; Punktgruppen D_n, D_{nd}, D_{nh}.

Schönflies-symbol	Art und Anzahl der Symmetrieelemente	Beispiel oder Hinweis
D_n	eine C_n-Achse und senkrecht dazu n C_2-Achsen chiral	

Typ III (Fortsetzung):

Schönflies-symbol	Art und Anzahl der Symmetrieelemente	Beispiel oder Hinweis
D_{nd}	eine C_n-Achse, n C_2-Achsen und n σ_v-Ebenen achiral	
D_{nh}	eine C_n-Achse, n C_2-Achsen, n σ_v-Ebenen und eine σ_h-Ebene achiral	

Typ IV: Mehr als eine Achse haben eine Zähligkeit, die größer als 2 ist; Punktgruppen T_d, O_h.

Schönflies-symbol	Art und Anzahl der Symmetrieelemente	Beispiel oder Hinweis
T_d	4 C_3-Achsen, 3 C_2-Achsen und 6 σ-Ebenen achiral	alle tetraedrischen Moleküle mit vier gleichen Liganden
O_h	3 C_4-Achsen, 4 C_3-Achsen, 6 C_2-Achsen und 9 σ-Ebenen. achiral	alle symmetrischen oktaedrischen Moleküle

F. A. Cotton: Chemical application of group theory. New York: Interscience Publ. 1963.
K. Mathiak, P. Stingl: Gruppentheorie („uni-text"), 2. Aufl. Braunschweig: Vieweg/Frankfurt: Akadem. Verlagsges. 1969.

Quasiracemat, Quasiracemat-Methode

Erste Beobachtungen einer Quasiracemat-Bildung von Centnerszwer, 1899. Ausnutzung der Erscheinung zu einer Konfigurationsbestimmungs-Methode (Quasiracemat-Methode) durch Fredga, 1944. Erweiterung der Methode durch Mislow, 1952.

Im festen (kristallisierten) Zustand ist ein racemisches Gemisch entweder ein Konglomerat der Enantiomeren, ein echtes Racemat (Verbindungsbildung) oder eine feste Lösung (Mischkristalle). Mischt man chemisch ähnliche Enantiomere („Quasienantiomere") zu gleichen Teilen, beobachtet man ebenfalls eine dieser drei Racemformen. „Chemisch ähnlich" heißt, daß die Verbindungen ähnliche Konstitutionen haben müssen, wie (−)-Chlorbernsteinsäure und (+)-Brombernsteinsäure. Ein Quasiracemat ist definiert als eine 1:1-Molekelverbindung von Quasienantiomeren. Eine Verbindungsbildung tritt i. a. nur zwischen Enantiomeren entgegengesetzter Konfiguration auf. Zur Identifizierung der quasiracemischen Formen dienen Zustandsdiagramme (Schmelzpunktkurven).

Aus den Eigenschaften quasiracemischer Gemische haben *Fredga* und später *Mislow* eine Methode zur Ableitung der Konfiguration von Enantiomeren (auch Methode der thermischen Analyse genannt) abgeleitet: Bilden A und B ein Quasiracemat und A mit dem Enantiomeren von B (oder B mit dem Enantiomeren von A) ein Konglomerat, dann haben A und B entgegengesetzte Konfigurationen *(Fredga).* Bilden A und B Mischkristalle und A mit dem Enantiomeren von B ein Konglomerat, haben A und B gleiche Konfiguration *(Mislow).* Verbindungs-, Konglomerat- oder Mischkristallbildung muß jeweils nach Mischen der Quasienantiomeren durch eine Schmelzpunktkurve festgestellt werden, die für jeden der 3 Typen einen charakteristischen Verlauf zeigt (Abbildungen vgl. *Eliel,* S. 52–55).

M. Centnerszwer: Z. Phys. Chem. *29,* 715 (1899).
A. Fredga, in: *A. Tiselius, K. O. Pedersen:* The Svedberg Memorial Volume, S. 261-273. Uppsala und Stockholm: Almquist und Wiksells 1944.
A. Fredga: Tetrahedron *8,* 126 (1960).
K. Mislow, M. Heffler: J. Amer. chem. Soc. *74,* 3668 (1952).
Eliel, S. 126 ff.

Racemformen

„Racemisch" ist von acidum racemicum (Traubensäure) abgeleitet, die von Pasteur um 1850 durch Racemisierung der Weinsäure erhalten wurde. Unter „Racemat" versteht man heute eine spezielle Racemform (s. unten).

Eine äquimolare Mischung der (+)- und (−)-Enantiomeren einer optisch aktiven Verbindung bezeichnet man als „Racemform", die beiden individuellen Moleküle als „dl-Paar". Racemische Gemische sind optisch inaktiv und lassen sich, abgesehen vom optischen Verhalten, in gasförmigem, flüssigem und gelöstem Zustand, in dem Anziehungskräfte zwischen den Enantiomeren noch keine Rolle spielen, nicht von den reinen Enantiomeren unterscheiden. Sie haben gleiche physikalische Eigenschaften.

In kristalliner Form erlangen jedoch Kristallgitterkräfte entscheidende Bedeutung. In diesem Zustand trifft man, je nach der Größe der Anziehungskräfte zwischen (+)- und (−)-Molekeln, auf drei Racem-Typen:

1. Konglomerat. Die Anziehungskräfte zwischen Enantiomeren gleicher Konfiguration sind größer als die zwischen Enantiomeren entgegengesetzter Konfiguration. Als Folge entstehen Kristalle, die nur (+)- oder nur (−)-Enantiomere enthalten. Die Racemform ist ein Konglomerat von Kristallen der reinen Enantiomeren.

2. Racemat. Die Anziehungskräfte zwischen Enantiomeren entgegengesetzter Konfiguration sind größer als die zwischen Enantiomeren gleicher Konfiguration. Hier kristallisieren (+)- und (−)-Molekel bereits in der Elementarzelle als 1:1-Molekelverbindung. Diese Racemform ist eine echte stöchiometrische Verbindung (mit allen Folge-

rungen wie verschiedene Schmelzpunkte, verschiedene Spektren im festen Zustand, verglichen mit den reinen Enantiomeren).
3. Racemische Mischkristalle. Die Anziehungskräfte zwischen allen Enantiomeren sind ungefähr gleich groß. Die sich abscheidenden Mischkristalle sind eine racemische feste Lösung. Diese Racemform wird manchmal „Pseudoracemat" genannt.

Die Existenz aller drei Racemformen ist an den festen Zustand gebunden. Beim Schmelzen und Lösen verschwinden ihre Unterscheidungsmerkmale.

Eliel, S. 53 ff. Dort weitere Literaturangaben.

Re/Si-System

Definitionen nach Hanson, 1966, und Prelog, 1972.

Eben gebaute trigonale Atomanordnungen des Typs C-abc (z. B. Carbonylverbindungen, Carboniumionen) haben zwei enantiotope Seiten (engl. „faces"), Vorderseite und Rückseite (vgl. Prochiralität). Sie sind zweidimensional chiral (vgl. Chiralität). Dies hat zur Folge, daß bei Vorgängen an Oberflächen beide Seiten unterschieden werden können (vgl. enantio- und diastereoselektive Synthese).

So führt die enzymatische Reduktion von C-1-deuteriertem Acetaldehyd ausschließlich zu (−)-S-Äthanol-1-d, d. h. der Aldehyd ist unter dem Einfluß des Enzyms nur von einer Seite attackiert worden, die das Enzym „erkannt" hat. Ein Angriff von der Rückseite hat überhaupt nicht stattgefunden:

α-Acetaldehyd $\xrightarrow{\text{Alkoholdehydrogenase}}_{\text{NADH}}$ (−)-(S)-Äthanol-1-d

$$\underset{H}{\overset{CH_3}{\diagdown}}C\underset{O}{\overset{D}{\diagup}} \longrightarrow \underset{H}{\overset{CH_3}{\diagdown}}\underset{OH}{\overset{D}{C}}$$

Zur Spezifizierung der beiden Seiten wird die Cahn-Ingold-Prelogsche *Sequenzregel* für nur zwei Dimensionen benutzt. Sind die Liganden z. B. der Anordnung a=Cbc für den Betrachter nach ihrer Rangfolge (a>b>c) im Uhrzeigersinn angeordnet, wird die Seite Re-Seite (von lat. rectus = rechts) genannt. Eine Anordnung entgegen dem Uhrzeigersinn entspricht einer Si-Seite (sinister = links).

Entsprechend geht man bei der Spezifizierung der enantiotopen Liganden a eines tetraedrischen Prochiralitätszentrums C-aabc vor (vgl. Prochiralität). Man betrachtet von einem der Liganden a in einem tetraedrischen Modell das gegenüberliegende Dreieck abc. Entspricht die Rangfolge einer Sequenz im Uhrzeigersinn, liegt er auf der Re-Seite, entspricht sie einer Sequenz entgegen dem Uhrzeigersinn, auf der Si-Seite.

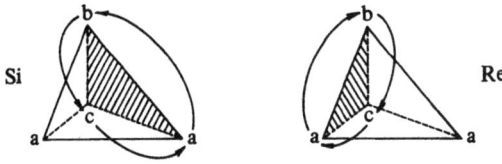

So werden die beiden H-Atome der Methylengruppe im Äthanol mit H_{Re} und H_{Si} spezifiziert*:

$$CH_3-\underset{H_{Si}}{\overset{H_{Re}}{C}}-OH$$

---

* Nach einem Vorschlag von *Hanson* H_R und H_S, welches Abkürzungen für „pro-R-H-Ligand" und „pro-S-H-Ligand" sind.

K. R. Hanson: J. Amer. chem. Soc. *88,* 2731 (1966).
V. Prelog, G. Helmchen: Helv. chim. Acta *55,* 2581 (1972).
D. Arigoni, E. L. Eliel: Topics Stereochem. *4,* 127 (1969).

RS-System (Cahn-Ingold-Prelog-System)

Von Cahn, Ingold und Prelog, 1956–66.

Das RS-System ist ein von Bezugssubstanzen unabhängiges, direkt vom dreidimensionalen Molekül ausgehendes Nomenklatursystem zur Spezifizierung der Konfiguration von chiralen Stereoisomeren (Symbole R und S, vgl. auch D,L-System).

Die Gesamtchiralität eines Stereoisomeren setzt sich oft aus mehreren Chiralitätselementen zusammen. Die Reihenfolge der Spezifizierung ist beliebig. Man ordnet die Atome oder Liganden eines Chiralitätselementes nach ihrer Rangfolge zu einer Sequenz, aus der sich – nach definierten Regeln – die Konfigurationssymbole R und S ableiten lassen. Im einzelnen wird bei den drei Chiralitätselementen wie folgt verfahren:

A. Chiralitätszentrum:

1. Man betrachtet ein dreidimensionales Modell oder eine geeignete Projektion der zu untersuchenden Verbindung (z. B. (−)-Milchsäure):

$$\begin{array}{c} H_3C \diagup H \\ C \\ \diagup \diagdown \\ COOH \; OH \end{array} \quad \text{D-(−)-Milchsäure} \quad \begin{array}{c} COOH \\ | \\ H-C-OH \\ | \\ CH_3 \end{array}$$

(Modell) (Fischer-Projektion)

2. Die vier Liganden des Zentrums werden durch Anwendung der *Sequenzregel* und ihrer Unterregeln nach ihrer Rangfolge geordnet: a>b>c>d (> bedeutet „bevorzugt vor").

$$OH > COOH > CH_3 > H$$
   a   b   c   d

3. Das Modell oder die Projektion werden von *der* Seite aus betrachtet, die dem kleinsten Liganden (hier d) abgewendet ist.

Blickrichtung

Blickrichtung   Fischer-Projektion*

(R)–(–)-Milchsäure

4. Nach der Chiralitätsregel wird nun dem Chiralitätszentrum ein Konfigurationssymbol zugeordnet. Entspricht die Reihenfolge der Liganden a,b,c einer Rechtsdrehung, erhält das Zentrum das Symbol R (von lat. rectus = rechts), entspricht sie einer Linksdrehung, erhält es ein S (sinister = links). Gibt das Modell oder die Projektion nicht die absolute Konfiguration des Zentrums wieder, benutzt man die Symbole R* und S*.

B. *Chiralitätsachse:*

1. Man betrachtet das Molekül (oder ein keilförmig gestrecktes Tetraedermodell) von einem außerhalb auf der verlängerten Achse liegenden Punkt. Dabei ist es unwesentlich, auf welcher Seite des Moleküls sich der Punkt befindet (Weg a) oder b)).
2. Die Liganden am näheren Ende der Achse haben Vorrang vor den Liganden am ferneren Ende der Achse.
3. Anwendung der Chiralitätsregel.

---

* In der *Fischer-Projektion* muß der kleinste Ligand (d) durch doppelten Austausch nach unten geschrieben werden, da er nur dann übereinkunftsgemäß hinter der Papierebene liegt.

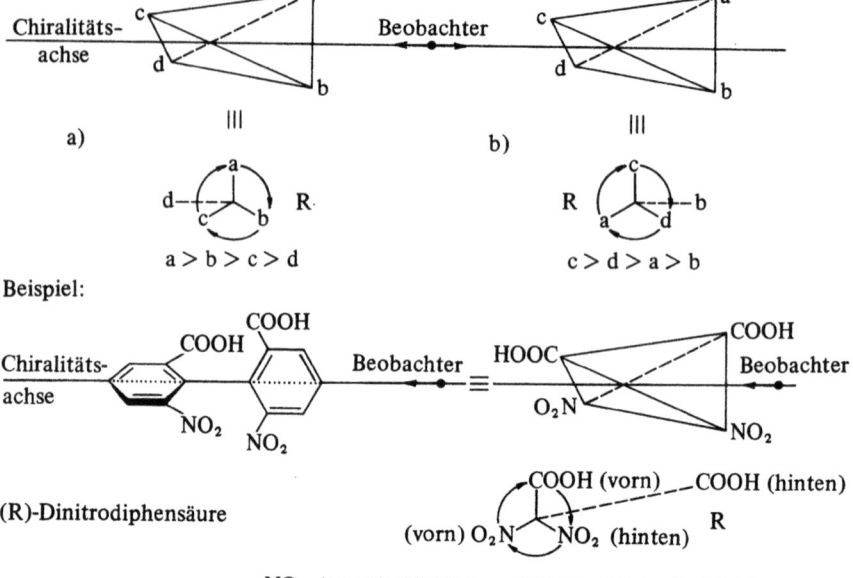

(R)-Dinitrodiphensäure

NO$_2$ (vorn) > COOH (vorn) > NO$_2$ (hinten) > COOH (hinten)

C. *Chiralitätsebene:*
1. Bestimmung des ranghöchsten, direkt an die Ebene gebundenen Atoms zum Leitatom (Pilotatom).
2. Die Sequenz der Atome beginnt am direkt an das Leitatom gebundene Atom in der Ebene (a). b und c findet man, indem man immer die nächstgebundenen ranghöchsten Liganden nach der Sequenzregel sucht.
3. Vom Leitatom aus wird nach der Chiralitätsregel aus der Richtung der Sequenz das Konfigurationssymbol abgeleitet.

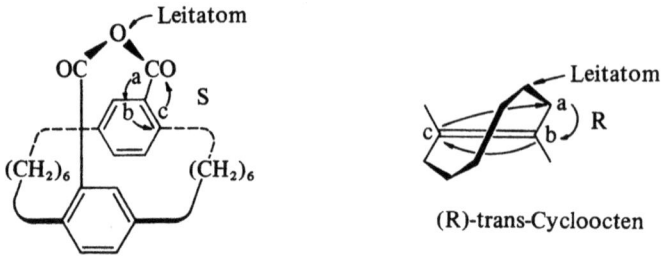

Cyclophan-Derivat

(R)-trans-Cycloocten

R. S. Cahn, C. K. Ingold, V. Prelog: Experientia 12, 81 (1956); Angew. Chem. 78, 413 (1966).
IUPAC Tentative rules for the nomenclature of organic chemistry, Section E: Fundamental stereochemistry. J. Org. Chem. 35, 2849 (1970).
R. Bentley: Molecular asymmetry in biology, vol. I, S. 50ff. New York, London: Academic Press 1969.

Sachse-Mohrsche Theorie

Von H. Sachse, 1890, und E. Mohr, 1918.

Basierend auf van't Hoffs Erkenntnissen (vgl. Tetraedertheorie) stellte *Sachse* 1890 die Hypothese auf, daß im Cyclohexan, das bislang als ebenes Sechseck angesehen wurde, alle Kohlenstoffatome tetraedrische Symmetrie haben und spannungsfrei zueinander angeordnet sind. Unter Erhaltung der normalen Valenzwinkel konnte er für den Cyclohexanring zwei Raummodelle konstruieren, die Boot- und die Sesselform. Die Sachsesche Theorie stand damit im Widerspruch zur Baeyerschen Spannungstheorie und wurde zunächst abgelehnt, da Cyclohexan entgegen der Sachseschen Vorstellung nicht in die beiden Konformeren aufgetrennt werden konnte.

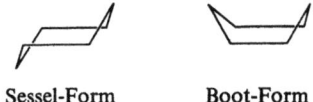

Sessel-Form   Boot-Form

1918 griff *Mohr* die Sachsesche Hypothese wieder auf und wendete sie auf das Dekalin an. Er sagte zwei bei ebenem Bau nicht mögliche Isomeren voraus, das cis- und das trans-Dekalin, die beide von *Hückel* 1925 isoliert werden konnten.

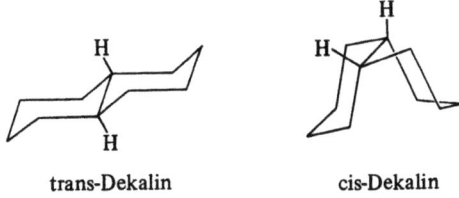

trans-Dekalin   cis-Dekalin

In neuerer Zeit wurde von *Pitzer, Mizushima, Kohlrausch, Rasmussen* und insbesondere von *Hassel* und *Barton* die Richtigkeit der Sachse-Mohrschen Theorie bewiesen.

H. Sachse: Ber. dtsch. chem. Ges. *23,* 1363 (1890).
E. Mohr: J. prakt. Chem. *98,* 315 (1918).
W. Hückel: Liebigs Ann. Chem. *441,* 1 (1925).
S. Mizushima, K. Higasi: J. chem. Soc. Japan *54,* 226 (1933).
K. W. F. Kohlrausch, A. W. Reitz, W. Stockmair: Z. physik. Chem. B. *32,* 229 (1932).
R. S. Rasmussen: J. chem. Physics *11,* 249 (1943). -
O. Hassel, H. Viervoll: Acta chem. Scand. *1,* 149 (1947).
D. H. R. Barton: Experientia *6,* 316 (1950).
Eliel, S. 254.

Sequenzregel

Von Cahn und Ingold, 1951, sowie Cahn, Ingold und Prelog, 1956–66. Ergänzung von Prelog und Helmchen, 1972.

Die Sequenzregel ordnet die Liganden a,b,c,d eines Chiralitätselements nach ihrer Priorität zu einer Sequenz a>b>c>d (> lies: bevorzugt vor).

Vor der Anwendung der Sequenzregel und ihrer „Standardunterregeln" wird die Gesamtchiralität des Moleküls in die *Chiralitätselemente* (vgl. *RS-System*) aufgegliedert („Aufgliederungsregel"). Dann wird die Ligandatomzahl aller Atome außer Wasserstoff auf vier ergänzt. Das geschieht in der Weise, daß doppelt oder dreifach gebundene Atome mit einer bzw. zwei Duplikatdarstellungen derjenigen Atome, an die sie gebunden sind, versehen werden:

$\diagup$C=O wird zu $\diagup$C————O
$\phantom{\diagup C=O \text{ wird zu } \diagup}(O)$(C)

—C≡CH wird zu —C————C—H Duplikatdarstellungen
$\phantom{—C≡CH \text{ wird zu } —}$(C) (C) (C) (C)

Dann werden alle Atome mit der erforderlichen Zahl „Phantomatome"
zur Ligandatomzahl vier ergänzt. Die Phantomatome werden mit einer
„o" indiziert:

$$\underset{(O)_{ooo}}{\overset{\diagdown}{\underset{|}{C}}\!\!\!-\!\!\!\underset{(C)_{ooo}}{\overset{O_{oo}}{|}}} \quad \text{bzw.} \quad \underset{(C)_{ooo}(C)_{ooo}}{\overset{-C}{\diagup\diagdown}}\!\!\!=\!\!\!\underset{(C)_{ooo}(C)_{ooo}}{\overset{C-H}{\diagup\diagdown}} \longleftarrow \text{Phantomatome}$$

Die Liganden werden nun geordnet, indem man Schritt für Schritt
den Bindungen nachgeht und nach jedem Schritt die Liganden vergleicht,
bis eine vollständige Ordnung nach den Standardunterregeln möglich
ist. Jede weitere Unterregel darf nur angewandt werden, wenn die
erschöpfende Anwendung der vorangehenden keine Entscheidung ermöglicht. Die Unterregeln lauten im einzelnen:

(0) Das nähere Ende einer Achse bzw. die nähere Seite einer Ebene
hat vor dem ferneren Ende bzw. der ferneren Seite den Vorrang.

(1) Die höhere Ordnungszahl von Atomen hat vor der niedrigeren den
Vorrang.

(2) Die höhere Massenzahl von Atomen hat vor der niedrigeren den
Vorrang.

Die Unterregeln (3)–(5) befassen sich ausschließlich mit stereochemischen Gesichtspunkten. (4) erfordert z. B. schon spezifizierte *Chiralitätselemente*. (5) bleibt der *Pseudoasymmetrie* vorbehalten, R > S spezifiziert
dreidimensionale, Re > Si zweidimensionale *Pseudoasymmetrie*.

(3) Seqcis hat vor seqtrans (Z vor E) den Vorrang.

(4) Vorrang haben weiter:
R,R oder S,S vor R,S oder S,R
M,M oder P,P vor M,P oder P,M
R,M oder S,P vor R,P oder S,M
M,R oder P,S vor M,S oder P,R
R_R oder S_S vor R_S oder S_R
R_{Re} oder S_{Si} vor R_{Si} oder S_{Re}
r vor s

(5) R vor S
M vor P
Re vor Si

Beispiel:

$$\begin{array}{c} CHO \quad 1 \\ H-C-OH \quad 2 \\ \text{Für C-3 der Ribose:} \quad H-C-OH \quad 3 \\ H-C-OH \quad 4 \\ CH_2OH \quad 5 \end{array}$$

Sequenz:

$$OH > -C_2 \underset{H}{\overset{O_{00}-H}{\diagup}} C_1-(O)_{000} \quad > \quad -C_4 \underset{H}{\overset{O_{00}-H}{\diagup}} C_5-H \quad >H$$

$$\hat{=} \; OH > C_2 > C_4 > H$$

Chiralität: $H-\overset{\overset{\displaystyle C_2}{|}}{\underset{\underset{\displaystyle C_4}{|}}{C_3}}-OH \;\equiv\; \overset{\overset{\displaystyle OH}{|}}{\underset{\underset{\displaystyle H}{|}}{C_4-C_3-C_2}} \; R$

Damit hat C-3 der Ribose R-Konfiguration

R. S. Cahn, C. K. Ingold: J. chem. Soc. (London) *1951*, 612.
R. S. Cahn, C. K. Ingold, V. Prelog: Experientia *12*, 81 (1956); Angew. Chem. *78*, 413 (1966).
V. Prelog, G. Helmchen: Helv. chim. Acta *55*, 2581 (1972).

Spezifischer Drehwinkel

Der Winkel, um den die Ebene des linear polarisierten Lichtes beim Passieren eines chiralen Mediums gedreht wird, heißt Drehwinkel oder optische Drehung. Er resultiert aus der Wechselwirkung der rechts- und linkszirkular polarisierten Lichtstrahlen, aus denen sich linear polarisiertes Licht zusammensetzt, mit dem chiralen Medium (vgl. zirkulare Doppelbrechung, Zirkulardichroismus).

Bei gegebenem Lösungsmittel, Wellenlänge und Temperatur ist der für einen gelösten Stoff gemessene Drehwert der Anzahl der sich im Lichtweg befindlichen Moleküle proportional, d. h. dem Produkt aus Schichtdicke und Konzentration (Biotsches Gesetz). Der Proportionalitätsfaktor ist die spezifische Drehung:

$$[\alpha]_\lambda^T = \frac{\alpha_\lambda^T \text{ gemessen}}{l\,[\text{dm}] \cdot c\,[\text{g/ml}]}$$

Die Temperatur- und Wellenlängenabhängigkeit wird durch Indices gekennzeichnet. Zur korrekten Angabe eines spezifischen Drehwertes gehört weiter die Angabe des benutzten Lösungsmittels und der Konzentration, z. B.:

$$[\alpha]_{589}^{20} = -10,5° (c = 20 \text{ mg/ml, in Äthanol})$$

Die Lösungsmittelabhängigkeit ist in der verschiedenen Solvatation begründet. Wechselwirkungen finden immer mit dem gesamten solvatisierten Komplex statt.

Werte von $\alpha \pm n \cdot 180°$ ($n=1,2,3...$) sind nicht unterscheidbar, sie müssen durch Messungen bei mindestens zwei sich um den Faktor 10 unterscheidenden Konzentrationen festgelegt werden.

Um die Molekulargewichtsabhängigkeit des Drehwertes zu eliminieren, wird der molare spezifische Drehwert angegeben. Er ist als das Produkt aus spezifischem Drehwert und dem hundertsten Teil des Molekulargewichts definiert:

$$[\Phi]_\lambda^T = [\alpha]_\lambda^T \cdot \frac{M}{100}$$

Die Division durch 100 ist willkürlich. Sie liefert handliche Werte.

Eliel, S. 7ff.

Stereochemische Präfixe

Präfixe	Bedeutung	Stichwort
cis – trans	die beiden Bezugsliganden befinden sich auf der gleichen Seite (cis) bzw. auf der entgegengesetzten Seite (trans) einer Bezugsebene	cis-trans-Isomerie
seqcis – seqtrans	kennzeichnen synonym mit E und Z cis- bzw. trans-Orientierung der Bezugsliganden, die nach der Sequenzregel ausgewählt werden	stereochem. Symbole E/Z-System
erythro – threo	die Bezugsliganden zweier benachbarter Chiralitätszentren liegen in der Fischer-Projektion auf der gleichen (erythro) bzw. auf entgegengesetzten Seiten (threo) einer Hauptkette	erythro-threo Fischer-Projektion
s-cis/s-trans (cisoid-transoid)	bezeichnen cis/trans-Isomere an Einfachbindungen mit partiellem Doppelbindungscharakter (s = single bond)	cis-trans-Isomerie

Präfixe	Bedeutung	Stichwort
meso	sagt aus, daß ein Molekül mit mehr als einem Chiralitätszentrum eine Symmetrieebene besitzt	geometrische Enantiomerie Pseudoasymmetrie
exo – endo	ein Ligand an einem Hauptring eines bicyclischen Ringsystems ist der Brücke zugewandt (exo) oder abgewandt (endo)	

Stereochemische Symbole

Symbole	Bedeutung	Stichwort
c, t	hinter der Stellungsziffer eines Liganden oder einer Doppelbindung kennzeichnen cis- oder trans-Stellung zu einem Referenzliganden (Beilstein)	cis-trans-Isomerie
Z, E	bezeichnen synonym mit seqcis und seqtrans cis- oder trans-Orientierung der Bezugsliganden, die nach der Sequenzregel ausgewählt werden	E/Z-System cis-trans-Isomerie Sequenzregel
d, l (+), (−)	d, l wurden früher gleichbedeutend zur Kennzeichnung des Drehsinns einer optisch aktiven Substanz verwendet, heute nur noch (+) und (−). dl gelegentlich zur Kennzeichnung eines racemischen Gemischs (dl-Paar)	Konfiguration D/L-System spezifischer Drehwert Racemformen
D, L	legen die Konfiguration eines Chiralitätszentrums mit Bezug auf den Glycerinaldehyd fest. Der Bezugsligand des Zentrums befindet sich in der Fischer-Projektion auf der rechten (D) bzw. auf der linken Seite (L) der Kette	D/L-System Fischer-Projektion
R, S r, s	kennzeichnen ohne Bezugssubstanz die Konfiguration an Chiralitätselementen (R, S) und Pseudochiralitätselementen (r, s)	RS-System Sequenzregel Chiralitätselemente
α, β	bei Steroiden: geben für einen ringständigen Liganden eines Cholestangerüstes an, daß er sich hinter (β) oder vor (α) der Papierebene befindet. bei Zuckern: β (α) kennzeichnet cis-(trans-)-Stellung der anomeren OH-Gruppe zur CH_2OH-Gruppe	Isorotation Anomerie
M, P	bezeichnen den Drehsinn einer Helix	Helizität

Stereoformeln

Zur zweidimensionalen Wiedergabe muß ein Molekül in die Papierebene projiziert werden. Je nach den stereochemischen Problemen gibt es dazu eine Reihe von Möglichkeiten. Die wichtigsten werden im folgenden kurz skizziert.

1. Moleküle mit benachbarten Chiralitätszentren (Cabc–Cxyz)

Keilstrich-   Sägebock-   Newman-
               Projektion

Eine Keilstrichprojektion zeigt das Molekül von der Seite, eine Sägebockprojektion schräg von vorne und eine Newman-Projektion genau von vorne (Blickpunkt in der verlängerten C—C-Achse). Allen dreien gemeinsam ist die Wiedergabe einer antiperiplanaren Konformation, sofern a und x die nach der Sequenzregel bevorzugten Liganden sind.

Die Keilstriche drücken aus, daß der Ligand am verdickten Ende sich näher am Betrachter (vor der Papierebene) befindet als der an der Spitze. Hinter der Papierebene liegende Liganden werden in der Keilstrichprojektion durch eine unterbrochene Linie gekennzeichnet.

Im Gegensatz zu den vorangegangenen Projektionen entsteht eine *Fischer-Projektion* aus einer synperiplanaren Konformation:

Fischer-Projektion

2. Ringsysteme

Nichtaromatische Ringsysteme (z. B. Cyclane, Steroide) werden als eben und in der Papierebene liegend angesehen. Vor und hinter der Ebene liegende Liganden werden i. a. mit Keilen oder unterbrochenen Linien

105

mit dem Ringsystem verbunden. Für Steroide gelten teilweise besondere Bestimmungen. Zur Darstellung von Konformationen bedient man sich am besten perspektivischer Zeichnungen:

Cholsäuremethylester

In der Kohlenhydratchemie hat es sich dagegen eingebürgert, Pyran- und Furan-Ringe als senkrecht zur Papierebene liegend zu betrachten, weil nur so auf einfache Weise die Lage der Liganden bezüglich der Ringebene dargestellt werden kann. Zur Darstellung von Konformationen greift man auch hier wieder auf perspektivische Formeln zurück.

α-D-Glucopyranose

IUPAC-Tentative rules for the nomenclature of organic chemistry, Section E. Fundamental stereochemistry. J. Org. Chemistry *35*, 2849 (1970).

Stereoisomerie

Stereoisomere (vgl. Isomerie) besitzen gleiche *Konstitution*, aber verschiedene Konfiguration und/oder verschiedene *Konformation*. Sie unterscheiden sich durch die Anordnung ihrer Atome im Raum. Ganz allgemein sind sie nur durch Energiebarrieren voneinander getrennt.

Eine Einteilung in Konfigurationsisomere und Konformationsisomere ist wenig sinnvoll, da die Begriffe „Konfiguration" und „Konformation" sich in manchen Grenzgebieten (vgl. z. B. Atropisomerie) überschneiden. Man klassifiziert deshalb Stereoisomere nach ihren Symmetrieeigenschaften und stellt fest, ob sich zwei Stereoisomere wie Bild und Spiegelbild verhalten oder nicht. Im ersten Fall spricht man von Enantiomeren, im zweiten von Diastereomeren. Zwei Stereoisomere können niemals gleichzeitig Enantiomere und Diastereomere sein.

Abgesehen von dieser Dichotomie der Stereoisomerie gehen andere Einteilungsversuche davon aus, daß sich manche Stereoisomere formal durch Drehung um eine Bindungsachse ineinander überführen lassen, wofür ein bestimmter Energiebetrag aufgewendet werden muß. Dabei kann es sich um eine Einfachbindung (Konformationsisomerie, Atropisomerie), um eine Doppelbindung (cis/trans-Isomerie, Allen-Isomerie) oder auch um eine Einfachbindung mit partiellem Doppelbindungscharakter handeln. Sie werden unter „Torsionsstereoisomerie" zusammengefaßt.

An monocyclischen Systemen mit $2n$ Chiralitätszentren gleicher Konstitution (z. B. cyclischen Homopeptiden), wobei eine Hälfte n der anderen Hälfte n enantiomer ist, fand man eine neue Art von Stereoisomerie, die *Cyclostereoisomerie*. An Ringsystemen höherer Ordnung, in denen Ringe kettenartig ohne chemische Bindung aneinander geknüpft oder ineinander geschlungen sind, fand man *topologische Isomerie*. Isomere beider Gruppen sind Stereoisomere, da die Sequenz der Atome (Konstitution) nicht verändert ist.

Mislow, Kap. 2.
Eliel, Kap. 1, 2, 5–7, 11, 12.

Stereoregulierte Polymerisation

Nach Vorarbeiten von Staudinger (1932), Schildknecht (1948) u. a. gelang G. Natta 1954 die stereoregulierte Polymerisation von Styrol und Propylen. 1955 folgte die Röntgenstrukturanalyse der Polymeren.

Bei der katalytischen Kopf-Schwanz-Polymerisation monosubstituierter Äthylene (α-Olefine R—CH=CH$_2$) können vier Typen diastereomerer Polymerer entstehen: ataktische, syndiotaktische, isotaktische und Stereoblockpolymere. Ein Polymer wird nach *Natta* als isotaktisch (I) bezeichnet, wenn der Ligand R in der *Fischer-Projektion* immer auf der gleichen Seite, als syndiotaktisch (II), wenn er abwechselnd auf der einen oder der anderen Seite steht. Beide Polymertypen entstehen durch sterisch regelmäßige cis- oder trans-Additionen der Monomeren und werden als „taktische" oder „stereoregulierte" Polvmere bezeichnet.

Stereoblock-Polymere enthalten isotaktische und syndiotaktische Kettenabschnitte (III).

Ataktische Polymere (IV) entstehen durch sterisch ungeordnete Polymerisation, wobei die Verteilung der Reste R auf die beiden Seiten der Polymerkette statistisch ungeordnet ist.

I	II	III	IV
CH$_2$	CH$_2$	CH$_2$	CH$_2$
H—C—R	H—C—R	H—C—R	H—C—R
CH$_2$	CH$_2$	CH$_2$	CH$_2$
H—C—R	R—C—H	H—C—R	H—C—R
CH$_2$	CH$_2$	CH$_2$	CH$_2$
H—C—R	H—C—R	R—C—H	R—C—H
CH$_2$	CH$_2$	CH$_2$	CH$_2$
H—C—R	R—C—H	R—C—H	H—C—R
CH$_2$	CH$_2$	CH$_2$	CH$_2$

Polymere, die durch stereoregulierte Polymerisation achiraler Monomerer entstehen, sind bezüglich ihrer Primärstruktur prinzipiell optisch inaktiv. Sie können aber durch Ausbildung einer Sekundärstruktur (links- bzw. rechtsgängige Helix) chiral werden. Optisch aktive Monomere liefern immer optisch aktive Polymere.

G. Natta: Angew. Chem. 68, 393 (1956); 76, 553 (1964).
M. Farina, M. Peraldo, G. Natta: Angew. Chem. 77, 149 (1965).
Eliel, S. 527.
Mislow, S. 96.

Stereoselektivität

Definitionen nach Eliel, 1966.

Jede Reaktion, in deren Verlauf eines von mehreren möglichen Stereoisomeren bevorzugt oder ausschließlich gebildet wird, heißt stereoselektiv. So entsteht bei der Abspaltung von HCl aus Desylchlorid bevorzugt trans-Stilben:

Desylchlorid	trans-Stilben	cis-Stilben
	(bevorzugt)	(sehr wenig)

Alle asymmetrischen Synthesen sind mit dieser Definition stereoselektiv (vgl. enantio- und diastereoselektive Synthesen). Entsprechend den Ausbeuten kann man zwischen „schwach stereoselektiv" und „quantitativ stereoselektiv" differenzieren, je nach prozentualem Anteil des Begleitisomeren.

Bei gewissen Reaktionstypen kann die Stereoselektivität mit Hilfe der Cramschen oder Prelogschen Regeln vorhergesagt werden. Einen theoretischen Ansatz („stereochemisches Strukturmodell") zur Berechnung der Ausbeuten lieferten neuerdings *Ugi* und *Ruch*.

Eliel, S. 517, 518, 537 ff.
I. Ugi, E. Ruch: Theoret. chim. Acta 4, 287 (1966); E. Ruch, A. Schönhofer,
I. Ugi: 7, 420 (1967); E. Ruch: 11, 183 (1968); Topics Stereochem. 4, 99 (1969).
E. Anders, I. Ugi, E. Ruch: Angew. Chem. 85, 16 (1973).

Stereospezifität

Definition nach Eliel, 1966.

Als stereospezifisch bezeichnet man eine Reaktion, in der aus „stereochemisch differenzierten Ausgangsprodukten" (z. B. die cis- oder trans-Isomeren eines Olefins) „stereochemisch differenzierte Endprodukte" gebildet werden. So entsteht aus (E)-2-Brombuten-2 bei $-78\,°C$ durch HBr-Anlagerung ausschließlich meso-Dibrombutan, aus (Z)-2-Brombuten ausschließlich ($\pm$)-Dibrombutan:

$$\underset{\text{E-Isomer}}{\overset{Br\quad H}{\underset{CH_3\;\;CH_3}{>\!\!=\!\!<}}} \xrightarrow[-78°]{HBr} \underset{\text{meso}}{\overset{CH_3}{\underset{CH_3}{H-\overset{|}{\underset{|}{C}}-Br \atop H-\overset{|}{\underset{|}{C}}-Br}}} \qquad \underset{\text{Z-Isomer}}{\overset{Br\quad CH_3}{\underset{CH_3\;\;H}{>\!\!=\!\!<}}} \xrightarrow[-78°]{HBr} \underset{(\pm)}{\overset{CH_3}{\underset{CH_3}{H-\overset{|}{\underset{|}{C}}-Br \atop Br-\overset{|}{\underset{|}{C}}-H}}}$$

Jede dieser Reaktionen ist für sich auch stereoselektiv. Aber nicht alle stereoselektiven Reaktionen sind auch stereospezifisch, wie aus der angeführten Reaktion zu erkennen ist, wenn die Temperatur erhöht wird. Bei $0\,°C$ entsteht aus beiden Olefinen jeweils ein identisches Produktgemisch aus meso- und ($\pm$)-Dibrombutan, wobei die Racemform mit 75% bei weitem überwiegt. Damit ist die Reaktion nur noch stereoselektiv:

$$(CH_3)BrC=C(CH_3)Br \xrightarrow[0\,°C]{HBr} \text{meso-Dibrombutan} + (\pm)\text{-Dibrombutan}$$
$$\text{Z oder E} \qquad\qquad\qquad\qquad 25\% \qquad\qquad 75\%$$

Eliel, S. 517, 518. Dort weitere Literaturangaben.

Symmetrieelemente

Die Symmetrieeigenschaften eines Moleküls oder einer beliebigen Figur können durch vier grundlegende Symmetrieoperationen charakterisiert werden: Translation (z. B. Parallelverschiebung, kein Punkt des Raumes bleibt fest) sowie Reflexion, Rotation und Inversion (mindestens ein Punkt des Raumes bleibt fest). Translationen als Symmetrieoperationen sind nur bei unendlich ausgedehnten Objekten wie Kristallgittern sinnvoll. Für organische Moleküle (als endliche Figuren) kommen die Symmetrieoperationen Spiegelung, Drehung und Inversion in Betracht. Die zugehörigen Symmetrieelemente sind Symmetrieachse, Symmetriezentrum und Symmetrieebene. Als „komplexe Symmetrieelemente" bezeichnet man Drehspiegelachsen (Kombination von Rotation und Reflexion) und Drehinversionsachsen (Kombination von Rotation und Inversion). Nach *Schönflies* werden diese fünf Symmetrieelemente eingeteilt in

Symmetrieelemente 1. Art (Achsen beliebiger Zähligkeit)

und

Symmetrieelemente 2. Art (Symmetrieebene, -zentrum, Drehspiegel- und Drehinversionsachse)

Symmetrieachse: Kann ein Molekül nach Drehung um einen bestimmten Winkel um eine Achse mit seiner ursprünglichen Orientierung zur Deckung gebracht werden, wird diese Achse Symmetrieachse genannt (Symbol C_n). n gibt die Zähligkeit der Achse an, die durch den Quotienten $360°/\alpha$ berechnet wird (α = Drehwinkel, der zur Deckung führt). Alle Geraden durch ein Molekül sind einzählige Achsen, die nicht als eigentliche Symmetrieachsen gezählt werden. Kann eine Deckungsoperation bereits nach Drehung um 180° durchgeführt werden, ist die Achse zweizählig (C_2, z. B. H_2O) usw.

Symmetrieebene: Eine Symmetrieebene teilt ein Molekül so in zwei Hälften, daß jede Hälfte das Spiegelbild der anderen ist (Symbol σ).

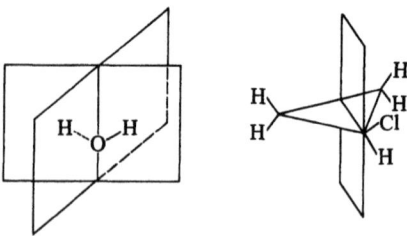

Symmetriezentrum (Inversionszentrum): Kann jedes Atom eines Moleküls durch Spiegelung am Molekülzentrum mit einem entsprechenden Atom zur Deckung gebracht werden (das Zentrum halbiert die Verbindungsgerade zwischen zwei einander so zugeordneten Atomen), dann besitzt das Molekül ein Symmetriezentrum (Symbol i). Die Spiegelung entspricht einer Konfigurationsumkehr (Inversion).

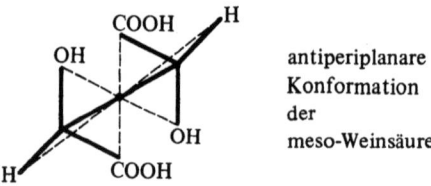

antiperiplanare
Konformation
der
meso-Weinsäure

Drehspiegelachse (alternierende Achse) und Drehinversionsachse: Drehspiegelung und Drehinversion führen letztlich zum gleichen Ergebnis, unterscheiden sich aber in der Zähligkeit ihrer Achsen. Die kombinierten Operationen können nacheinander in beliebiger Reihenfolge ausgeführt werden:

Ein Molekül besitzt eine Drehspiegelachse (Symbol S_n), wenn es nach Drehung um $n = 360°/\alpha$ und anschließender Spiegelung an einer festen, zur Achse senkrechten Ebene mit sich zur Deckung gebracht werden kann.

Ein Molekül mit Drehinversionsachse kann nach Drehung um $n = 360°/\alpha$ und anschließender Spiegelung am Zentrum mit sich zur Deckung gebracht werden.

A. Schönflies: Die Symmetriegesetze und die 32 Punktgruppen, Enzyklopädie der mathematischen Wissenschaften, Bd. IV/1, S. 442f. Leipzig und Berlin: Teubner 1905.
J. D. Donaldson, S. D. Ross: Symmetry in the stereochemistry, London: Intertext Books 1972.
H. H. Jaffe, M. Orchin: Symmetrie in der Chemie. Heidelberg: Hüthig 1967.
Eliel, S. 13ff.
Mislow, S. 3, 22.

Tautomerie

Desmotropie, Prototropie, Keto-Enol-Tautomerie, Dreikohlenstofftautomerie, Anionotropie, oxo-cyclo-Tautomerie, Ring-Kettentautomerie

„Tautomerie" eingeführt von Laar, 1885.

Wenn sich zwei oder mehrere Konstitutionsisomere durch Überwinden einer relativ niedrigen Energieschwelle ineinander umwandeln können und miteinander in einem dynamischen Gleichgewicht stehen, sind sie „tautomer". Die Umwandlung erfolgt dabei durch Verschieben einzelner Liganden (Atome oder Atomgruppen) über mesomere Zwischenstufen oder durch Bruch und Bildung kovalenter Bindungen (Verschiebung von Valenzen vgl. Valenzisomerisierung).

Desmotropie (*Knorr*, 1894) ist ein nicht mehr gebräuchlicher Ausdruck für tautomere Gleichgewichte, deren Komponenten isoliert werden können. Von einer Unterscheidung Tautomerie/Desmotropie wird heute abgesehen, weil Isolierbarkeit nur ein Ausdruck des Standes der Technik ist.

Wenn sich tautomere Formen durch die Stellung eines Protons unterscheiden, spricht man von Prototropie (Protonentautomerie).

$$H-X-CH=Y \rightleftarrows [\overset{\ominus}{X}-CH=Y \leftrightarrow X=CH-\overset{\ominus}{Y}] \rightleftarrows X=CH-Y-H$$

Das bekannteste Beispiel eines prototropen Gleichgewichtes ist die Keto-Enol-Tautomerie:

$$R_1-\overset{O}{\overset{\|}{C}}-CH_2-R_2 \rightleftarrows R_1-\overset{OH}{\overset{|}{C}}=CH-R_2$$

Die Verschiebung eines Protons im Bereich dreier benachbarter C-Atome wird manchmal als Dreikohlenstoff-Tautomerie bezeichnet:

$$R_1-\underset{H}{\overset{|}{CH}}-CH=CH-R_2 \rightleftarrows R_1-CH=CH-\underset{H}{\overset{|}{CH}}-R_2$$

Der Begriff „Anionotropie" faßt tautomere Gleichgewichte zusammen, deren Komponenten sich durch die Stellung einer anionischen Gruppe unterscheiden.

$$R_1-CH=CH-\underset{Cl}{\overset{|}{CH}}-R_2 \rightleftarrows R_1-\underset{Cl}{\overset{|}{CH}}-CH=CH-R_2$$

Das Gleichgewicht zwischen offenkettiger Carbonyl- und cyclischer Halbactalform (z. B. bei Kohlenhydraten) wird oxo-cyclo-Tautomerie (oder Ring-Ketten-Tautomerie) genannt.

$$\begin{array}{c} \diagdown \\ CH-CHO \\ -CH \qquad\qquad OH \\ \diagdown \\ CH-CH \\ | \quad | \end{array} \rightleftarrows \begin{array}{c} \diagdown \qquad OH \\ CH-CH\diagup \\ -CH \qquad\qquad\diagdown O \\ \diagdown \qquad\diagup \\ CH-CH \\ | \quad | \end{array}$$

C. K. *Ingold:* Structure and mechanism in organic chemistry, S. 473. London: G. Bell & Sons Ltd. 1953.
R. H. *Thomson:* Quart. Rev. Chem. Soc. London *10*, 27 (1956).
G. W. *Wheland:* Advanced organic chemistry. New York: John Wiley & Sons 1960.
H. A. *Staab:* Einführung in die theoretische organische Chemie, 4. Aufl. Weinheim: Verlag Chemie 1964.

Tetraedertheorie

Nach Vorarbeiten von *Pasteur* und *Wislicenus* postuliert von *J. H. van't Hoff* und (unabhängig) von *J. A. LeBel*, 1874.

Van't Hoff und *LeBel* entwickelten die heute bewiesene Theorie, daß die vier Liganden eines C-Atoms in den Ecken eines Tetraeders angeordnet sind. Ein C-Atom mit vier verschiedenen Liganden ist asymmetrisch, es existieren zwei isomere Formen (Enantiomere). Zur Darstellung der räumlichen Verhältnisse zweier Enantiomerer wählte *van't Hoff* regelmäßige, achirale Tetraeder, welche in den Ecken mit vier verschiedenen Liganden spiegelbildlich besetzt sind.

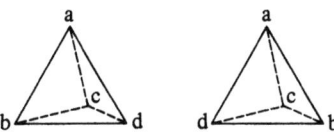

Mit diesen Modellen gelang es, die Anzahl der Isomeren aller damals bekannten optisch aktiven Verbindungen mit einem oder mehreren asymmetrischen C-Atomen richtig vorherzusagen. Aber schon 1875 erkannte *van't Hoff*, daß Voraussetzung für optische Aktivität nicht unbedingt ein asymmetrisches C-Atom sein muß. Er sagte voraus, daß von einem unsymmetrisch substituierten Allen zwei spiegelbildliche Formen zu erwarten sind. Die experimentelle Bestätigung gelang erst 50 Jahre später (vgl. Allenisomerie).

J. A. LeBel: Bull. Soc. Chim. Paris, *22*, 337 (1874).
J. H. van't Hoff: La chimie dans l'espace. Rotterdam: P. M. Bazendijk 1875. Deutsch von *F. Hermann:* Braunschweig: Vieweg 1877.
F. Ebel, in: *K. Freudenberg:* Stereochemie, S. 525ff. Leipzig-Wien: Franz Deuticke 1932.
V. Prelog: Koninkl. Ned. Akad. Wetenschap. Proc. Ser. B *71*, 108 (1968).

Topologische Isomerie

Wasserman, 1962.

Topologische Isomerie tritt in Verbindungen auf, deren chemisch selbständige Untereinheiten durch mechanische Verknüpfungen zusammengehalten werden und ein einziges Molekül darstellen (Catenane, Rotaxane), oder die innerhalb eines Ringes Verknotungen enthalten. Dabei kann ein Isomeres nur durch Spaltung und Rückbildung einer chemischen Bindung unter gleichzeitiger Aufhebung und Wiederknüpfung einer mechanischen Bindung in das andere Isomere übergeführt werden. Die bekanntesten Beispiele topologischer Isomerie sind die von *Lüttringhaus* und *Schill* dargestellten Catena-Verbindungen. Sie sind kettengliedartig verknüpfte Makrocyklen. Natürlich vorkommende catenanartig strukturierte Desoxyribonucleinsäuren konnten von *Vinograd* und *Hudson* nachgewiesen werden.

Ein weiteres Beispiel ist das „Kleeblatt" („trefoil"), ein in sich verschlungener, chiraler Makrocyclus. Seine Synthese ist bisher nicht gelungen. Man nimmt an, daß bei der Bildung großer Ringe ($>C_{50}$) Verbindungen entsprechender Topologie entstehen können.

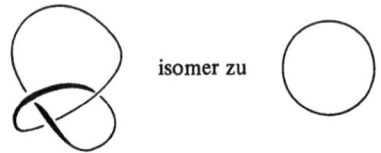

E. Wasserman: Sci. American *207*, Nr. 5, 94 (1962).
H. L. Frisch, E. Wasserman: J. Amer. chem. Soc. *83*, 3789 (1961).
G. Schill, A. Lüttringhaus: Angew. Chem. 76, 567 (1964).
G. Schill: Chem. Ber. *100*, 2021 (1967).
B. Hudson, J. Vinograd: Nature (London) *216*, 647 (1967).
Mislow, S. 103.
Eliel, S. 250.
G. Schill, in: Organic chemistry, A series of monographs: Catenanes, rotaxanes, and knots. New York-London: Academic Press 1971.

Transanularspannung

Definiert von M. Stoll und G. Stoll-Comte, 1930.

In mittleren Ringen mit Gliederzahlen von 8 bis 11 C-Atomen treten aufgrund ungewöhnlich starker Näherung nicht benachbarte Methylenwasserstoffatome über den Ring hinweg in Wechselwirkung. Die durch diese transanularen van-der-Waals-Abstoßungen bedingte Ringspannung wird als Transanularspannung oder Preßspannung bezeichnet. Sie liefert einen vergleichsweise geringen Beitrag zur Gesamtwinkelspannung mittlerer Ringe (nicht-klassische Winkelspannung), die maßgeblich durch Pitzerspannung und Baeyer-Spannung verursacht wird. Durch transanulare Näherungen können nicht benachbarte funktionelle Gruppen physikalisch in Wechselwirkung treten; in einer Reihe von Fällen führen diese „transanularen Effekte" (*Prelog; Cope:* proximity effects) zu unerwarteten chemischen Reaktionen, z. B. transanulare Cyclisierungen und Umlagerungen (Beispiele: *Gould, Eliel*).

M. Stoll, G. Stoll-Comte: Tech. Chim. Acta *13*, 1185 (1930).
K. B. Wiberg: J. Am. Chem. Soc. *87*, 1070 (1965).
J. Sicher: The stereochemistry of many-membered rings, in: *P. B. D. de la Mare, W. Klyne:* Progress in stereochemistry Bd. III, S. 202, New York: Academic Press 1962.
V. Prelog: Bedeutung der vielgliedrigen Ringverbindungen, in: *A. Todd:* Perspectives in organic chemistry, S. 96. New York: Interscience Publishers 1956.
J. D. Dunitz, V. Prelog: Angew. Chem. *72*, 896 (1960).
V. Prelog: Angew. Chem. *70*, 145 (1958).
A. C. Cope, A. Tournier, H. E. Simmons: J. Amer. chem. Soc. *79*, 3905 (1957).
E. S. Gould: Mechanismus und Struktur in der organischen Chemie, S. 722. Weinheim: Verlag Chemie 1964.
Eliel, S. 307.

Valenzisomerie, Valenztautomerie

Valenzisomerisierungen sind intramolekulare Strukturumwandlungen, die über synchrone oder wenigstens nahezu simultane Verschiebung von σ- und/oder π-Elektronen ablaufen. Sie sind als Vielzentrenreaktionen anzusehen, ionische oder radikalische Zwischenstufen treten nicht auf. Valenzisomerisierungen führen zu Änderungen von Atomabständen und Bindungswinkeln, ein Platzwechsel von Atomen oder Atomgruppen findet jedoch nicht statt. In ihrer Kinetik verlaufen diese Umwandlungen nach 1. Ordnung, sie sind temperaturabhängig, durch Katalysatoren und Lösungsmittel werden sie nicht beeinflußt.

Valenzisomere, die wie in obigem Beispiel miteinander in einem dynamischen Gleichgewicht stehen, die sich also durch Überwinden einer relativ niedrigen Energieschwelle ineinander umwandeln können, sind valenztautomer. Valenztautomere Formen sind mit Hilfe chemischer Methoden nicht mehr trennbar.

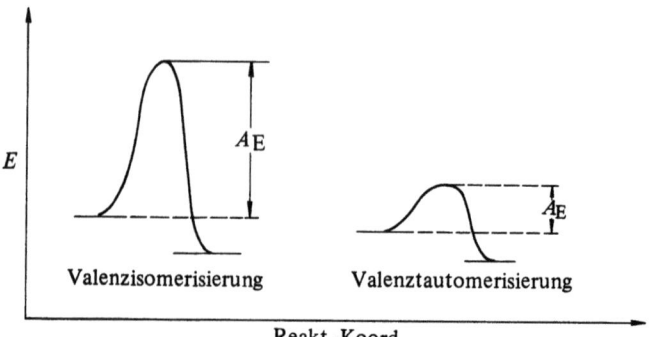

Valenzisomerisierungen sind degeneriert, wenn Ausgangsprodukt und Valenzisomeres identisch sind. Nach einer Nomenklatur für intramolekulare Austauschprozesse *(Eliel und Mitarb.)* stellt die degenerierte Valenzisomerisierung ein Fall von konstitutioneller Homotopomerisierung dar.

Zirkulardichroismus (CD)

Erstmals beobachtet am Amethyst von Haidinger 1847. An Lösungen insbesondere von Cotton um die Jahrhundertwende. Allgemeine Anwendung und Verbreitung des CD erst seit Beginn der 60er Jahre mit den ersten kommerziellen Geräten.

Links- und rechtszirkular polarisierte Lichtstrahlen (oder deren elektrische Vektoren $\mathfrak{E}_L$ und $\mathfrak{E}_R$) pflanzen sich in einem chiralen Medium verschieden schnell fort *(zirkulare Doppelbrechung)*. Besitzt das chirale Medium im Meßbereich eine Absorptionsbande (vgl. optisch aktiver Chromophor), werden die beiden Strahlen auch verschieden stark absorbiert. Diese Erscheinung heißt Zirkulardichroismus. Er wird meist durch die Differenz der molaren Absorptionskoeffizienten für links- (ε_L) und rechtszirkular (ε_R) *polarisiertes Licht* beschrieben:

$$\Delta\varepsilon = \varepsilon_L - \varepsilon_R$$

Eine andere, allgemein benutzte Einheit ist die spezifische Elliptizität, die mit $\Delta\varepsilon$ über die folgende Gleichung verknüpft ist:

$$[\Theta] \approx 3300 \cdot \Delta\varepsilon$$

Beim Austritt aus dem chiralen Medium setzen sich beide Strahlen nicht mehr zu linear (vgl. zirkulare Doppelbrechung), sondern zu elliptisch polarisiertem Licht zusammen.

In der Vektordarstellung bedeutet dies, daß die Vektoren $\mathfrak{E}_L$ und $\mathfrak{E}_R$ nicht nur verschieden schnell umlaufen, sondern auch verschieden lang werden. Die Spitze des Summenvektors $\mathfrak{S}$ beschreibt eine Ellipse hoher Exzentrizität, der Lichtstrahl ist elliptisch polarisiert. Die Hauptachse der Ellipse schließt mit der Ausgangslage den Drehwinkel α ein.

Die ORD-Kurve einer zirkulardichroitischen Verbindung zeigt einen *Cotton-Effekt* (vgl. optische Rotationsdispersion). Die CD-Kurve selbst ähnelt, als Differenz zweier Absorptionen, sehr stark einer normalen UV-Absorptionskurve.

Der Zirkulardichroismus steht zur zirkularen Doppelbrechung im gleichen Verhältnis wie die Absorption zum Brechungsvermögen.

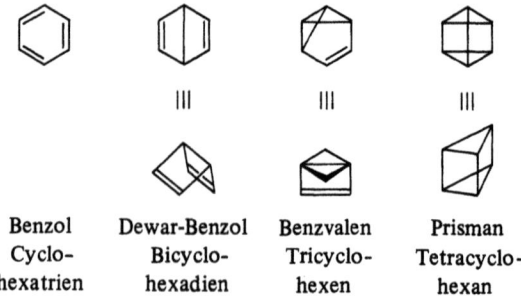

echte   degenerierte
Valenzisomerisierung

Dewar-Benzol, Benzvalen und Prisman sind als nicht-ebene Valenzisomere des Benzols aufzufassen. (Zur Klassifizierung von Valenzisomeren aromatischer Verbindungen, siehe E. E. van Tamelen, 1965).

Benzol	Dewar-Benzol	Benzvalen	Prisman
Cyclo-	Bicyclo-	Tricyclo-	Tetracyclo-
hexatrien	hexadien	hexen	hexan

A. C. Cope, F. A. Hochstein: J. Amer. chem. Soc. *72*, 2515 (1950).
G. W. Wheland: Advanced organic chemistry, S. 728. New York: John Wiley & Sons 1960.
E. Vogel: Angew. Chem. *74*, 829 (1962).
W. v. E. Doering, W. R. Roth: Angew. Chem. *75*, 27 (1963).
E. Vogel, H. Günther: Angew. Chem. *79*, 429 (1967).
G. Schröder: Cyclooctatetraen, S. 63. Weinheim: Verlag Chemie 1965.
G. Maier: Angew. Chem. *79*, 446 (1967).
L. A. Paquette: Angew. Chem. *83*, 11 (1971).
E. E. van Tamelen: Angew. Chem. *77*, 759 (1965).
G. Binsch, E. L. Eliel, H. Kessler: Angew. Chem. *83*, 618 (1971).
Zusammenfassende Literatur: *G. Maier:* Valenzisomerisierungen. Weinheim: Verlag Chemie 1972.

Ausgangslage

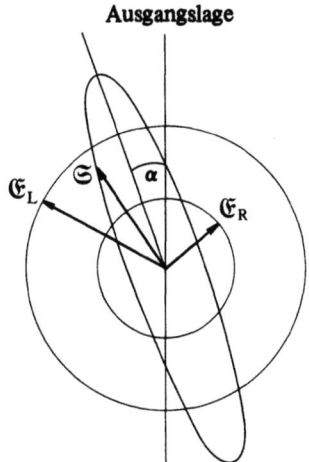

W. *Haidinger:* Poggendorffs Ann. *146*, 531 (1847).
A. M. *Cotton:* Ann. Chim. Phys. *8*, 347 (1896) und spätere Publ.
G. *Snatzke:* Angew. Chem. *80*, 15 (1968).
C. *Djerassi:* Optical rotatory dispersion. New York: McGraw-Hill 1960.
P. *Crabbé:* ORD and CD in chemistry and biochemistry. New York-London: Academic Press 1972.

Zirkulare Doppelbrechung

Fresnel, 1825

Unter zirkularer Doppelbrechung versteht man die Erscheinung, daß rechts- und linkszirkular polarisiertes Licht in einem chiralen Medium unterschiedliche Brechungsindices besitzen, $n_L \neq n_R$ (der Name entstand in Analogie zur linearen Doppelbrechung). Daraus folgt, daß auch die Fortpflanzungsgeschwindigkeiten verschieden sein müssen, da beide durch $v = c/n$ verknüpft sind (v = Fortpflanzungsgeschwindigkeit, c = Lichtgeschwindigkeit im Vakuum, n = Brechungsindex). Beim Austritt aus dem chiralen Medium setzen sich die nunmehr phasenverschobenen rechts- und linkszirkular polarisierten Lichtstrahlen wieder zu einem linear polarisierten Strahl zusammen, dessen Schwingungsebene gegen die Ausgangslage um den Drehwinkel α gedreht ist.

Mit der Vektordarstellung ergibt sich: Die Lichtvektoren $\mathfrak{E}_L$ und $\mathfrak{E}_R$ für links- und rechtszirkular polarisiertes Licht laufen verschieden schnell um. Dadurch behält der Summenvektor $\mathfrak{S}$ seine Richtung nicht bei, sondern schließt mit der Ausgangslage den Winkel α ein, der um so größer wird, je länger der Weg durch das chirale Medium ist.

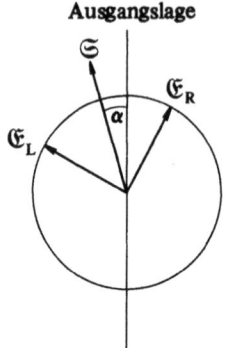

Der Drehwinkel α ist proportional der Differenz der Brechungsindices (Fresnelsche Gleichung):

$$\alpha [\text{rad}] = \pi(n_L - n_R) \cdot l/\lambda_{\text{vac}}$$

oder mit $2\pi = 360°$:

$$\alpha \left[\frac{\text{Grad}}{\text{cm}}\right] = 180\,(n_L - n_R) \cdot l/\lambda_{\text{vac}}$$

Daß nicht die Differenz der Brechungsindices, sondern der Drehwert gemessen wird, hat experimentelle Gründe. Der Drehwert ist polarimetrisch leicht zugänglich, während sich die Differenz der Brechungsindices in der Größenordnung von 10^{-5} bis 10^{-6} bewegt (bei α = 100°).

A. Fresnel: Ann. chim. phys. *28*, 147 (1825).
H. A. Staab: Einführung in die theoretische organische Chemie, S. 229 f. Weinheim: Verlag Chemie 1964.
C. Djerassi: Optical rotatory dispersion. New York: McGraw-Hill 1960.
T. M. Lowry: Optical rotatory power. New York: Dover Publ. 1964. Unveränd. Neuaufl. von: London: Longmans & Greens 1935.
Mislow, S. 52, 53.

Lehrbücher

Chemie

Eine Auswahl

Jander/Spandau:
Kurzes Lehrbuch der
anorganischen und
allgemeinen Chemie
7., völlig neubearb. Aufl.
v. J. Fenner, J. Jander,
H. Siegers. 132 Abb.
XII, 315 Seiten. 1973
DM 38,—; US $15.60
ISBN 3-540-06018-9

H. Rath:
Lehrbuch
der Textilchemie
einschließlich der
textilchemischen
Technologie. 3. neubearb.
Aufl. 221 Abb.
VII, 881 Seiten. 1972
Geb. DM 136,—
US $55.80
ISBN 3-540-05587-8

H. Rickert:
Einführung in die
Elektrochemie fester
Stoffe
64 Abb. Etwa 200 Seiten
1973. Geb. DM 46,—
US $18.90
ISBN 3-540-06266-1

G. Habermehl
S. Göttlicher
E. Kingbeil:
Röntgenstruktur-
analyse organischer
Verbindungen
Eine Einführung
136 Abb. XII, 268 Seiten
1973. (Anleitungen für
die chemische Laborato-
riumspraxis. Bd. 12)
Geb. DM 76,—
US $31.20
ISBN 3-540-06091-X

K. Cammann:
Das Arbeiten mit
ionenselektiven
Elektroden
61 Abb. XII, 226 Seiten
1973 (Anleitungen für
die chemische
Laboratoriumspraxis,
Bd. 13)
Geb. DM 56,—
US $23.00
ISBN 3-540-06278-5

H. Hartmann:
Die chemische Bindung
Drei Vorlesungen für
Chemiker. 3. Aufl.
61 Abbildungen
V, 109 Seiten. 1971
DM 12,80; US $5.30
ISBN 3-540-03145-6

W. Wittenberger:
Chemische
Laboratoriumstechnik
Ein Hilfsbuch für
Laboranten und Fach-
schüler.
7., völlig neubearb.
Aufl. Etwa 400 Abb.
Etwa 370 Seiten. 1973
Geb. DM 58,—
US $23.80
ISBN 3-211-81116-8
(Springer-Verlag
Wien New York)

■ Lassen Sie sich die
Bücher von Ihrem Buch-
händler zeigen.

S. W. Souci:
Ausführung qualitativer
Analysen
Unter Mitwirkung von
H. Thies
9. neubearb. Aufl.
VIII, 121 Seiten
1971
DM 11,80; US $4.90
ISBN 3-8070-0282-0

H. Lux:
Praktikum der
quantitativen
anorganischen Analyse
Zugleich Neuauflage
des Praktikums der
quantitativen
anorganischen Analyse
von A. Stock und
A. Stähler.
6. verbesserte Aufl.
50 Abb. VII, 209 Seiten
1970. DM 22,— US $9.10
ISBN 3-8070-0279-0

**Springer-Verlag
Berlin
Heidelberg
New York**

München Johannesburg
London New Delhi Paris
Rio de Janeiro Sydney
Tokyo Wien

Lehrbücher

Eine Auswahl

Z.G. Sz... ...ó
Anorga... ...sche Chemie
Eine gr... ...dlegende
Betrach... ...ing
16 Abb... ...und 20 Tab.,
VIII, 1!... Seiten. 1969
(HT 63...
DM 14,...); US $6.10
ISBN 3... 40-04556-2
Jeder C... ...miker muß
sich im... auf seines
Studiur... eine große
Stoffke... ...ntnis aneignen.
Deshalb... ist es wichtig,
sorgfält... die Daten
herausz... ...uchen, mit
denen e... sein Gedächtnis
belaste... Es ist nicht
nötig fü... jede
Verbind... ...ng die physikalische... und
chemisc... ...en Eigen-
schafter... zu beschreiben;
es ist si... ...erlich sinn-
voller, s... ...h diese aus
grundle... ...nden Para-
metern... ...zuleiten. Es
ist Ziel... ...eses Taschen-
buchs, ...e geeignete
Auswal... aus denjenigen
Gesetzr... ßigkeiten zu
treffen, ... us denen
solche ... duktionen
möglich... ind.

M. Bec... ...Goehring,
H. Hoff... ...ann
Komple... ...chemie
(Vorles... ...igen über
Anorga... ...sche Chemie
von M. ... ...cke-Goehring)
Teilwei... mitbearbeitet
von K.-... Buschbeck

HT = H... ...delberger
Ta... ...chenbücher

104 Abb. VIII, 245 Seiten
1970 (HT 72)
DM 18,80; US $7.80
ISBN 3-540-04873-1

Es gibt viele Werke über Komplexchemie, aber kein modernes, das ganz von dem chemischen Verhalten der Verbindungen ausgeht und die Zusammenhänge zwischen diesem, der Struktur und dem physikalischen Verhalten entwickelt, In kanpper Form wird ein Überblick über die Phänomene geboten und werden die Ordnung und Deutung des Phänomenologischen durch die Theorie gezeigt. Das Buch eignet sich für den Chemiker, der noch nicht mit den Problemen und Ergebnissen der Komplexchemie vertraut ist, ebenso wie für den Biologen, der sich Problemen der Komplexchemie gegenübersieht. Eine moderne, leicht faßliche und doch wissenschaftlich exakte Zusammenfassung, die es bisher nicht gab.

D. Hellwinkel
Systematische Nomenklatur der organischen Chemie
Eine Gebrauchsanweisung
Etwa 130 Seiten. 1974
(HT 135)
ISBN 3-540-06450-8
In Vorbereitung
Es wird gezeigt, wie man chemischen Verbindungen eindeutige und international verständliche Namen zuordnet, beziehungsweise wie sich aus Verbindungsnamen die Konstitutionsformeln ergeben. Da sich jetzt auch die deutschen Chemie-Zeitschriften auf die von der IUPAC entwickelte systematische Nomenklatur festgelegt haben, wird niemand mehr ohne entsprechende Grundkenntnisse auskommen können, sei er Chemiker, Biologe, Mediziner oder Physiker.

■ Lassen Sie sich die Bücher von Ihrem Buc̄händler zeigen.

Springer-Verlag
Berlin
Heidelberg
New York
München Johannesburg
London New Delhi Paris
Rio de Janeiro Sydney
Tokyo Wien

MIX
Papier aus verantwortungsvollen Quellen
Paper from responsible sources
FSC® C105338

If you have any concerns about our products,
you can contact us on
ProductSafety@springernature.com

In case Publisher is established outside the EU,
the EU authorized representative is:
**Springer Nature Customer Service Center GmbH
Europaplatz 3, 69115 Heidelberg, Germany**

Printed by Libri Plureos GmbH
in Hamburg, Germany